항공예약 실무실습

항공예약 실무실습

장 양 례

한국학술정보(주)

머리말

항공예약 및 발권업무는 전 세계 항공사의 연계는 물론 항공스케줄 및 관련정보를 항공사 컴퓨터 예약시스템을 통해서 세계 여러 나라를 여행하고자 하는 여행객들에게 신속한 여행정보를 제공하고 있다.

이러한 항공예약업무는 항공사의 직원들만 전담하는 것이 아니라 여행사 카운터 부서에서도 여행객들을 위해 항공예약과 발권 수속 업무와 관련한 총체의 업무를 담당하고 있다. 따라서 관광산업 발전에 항공전산시스템업무는 매우 중요하게 사용되고 있으며, 관광산업 종사자들에게는 필수적으로 습득해야 할 항공예약 운영시스템이다.

지금 현재 국내에서는 항공예약 운영시스템에는 TOPAS와 ABACUS 등이 주로 사용되고 있으며, 이러한 업무는 여행사업무 중에서도 카운터 부서에서 주로 다루고 있다. 카운터부서에서의 역할은 예약 발권업무는 물론, 항공운임 조회, 여정관리, 단체 항공권 핸들링 까지 많은 업무를 집행하고 있으며, 이러한 업무는 여행사의 조직에서도 가장 중요한 핵심 분야라고 할 수 있다.

왜냐하면 1989년 해외여행자율화에 힘입어 국외여행자 수가 급증하였고, 단체 패키지에 의존하던 여행사들도 수익률이 훨씬 안정적인 상용항공권이나 개별항공권 이용 여행객들을 의존하고 있기 때문이다.

따라서 이러한 필요성을 인지하여 전국의 관광계열 학교에서는 여행업무의 바탕이 될 수 있는 항공사의 예약업무와 발권업무를 습득하기 위해서 재학생들에게 이와 관련한 교육을 실시하고 있다.

따라서 본서를 통해 그동안 항공 업무를 습득하고자 하는 재학생들에게 필요한 교재를 발간하고자 노력하였으며, 그동안 학교에서 항공예약업무를 학생들에게 교육을 실시하면서 꼭 배워야 할 내용위주로 본서를 집필하였다.

끝으로 본서가 출판되기까지 많은 도움을 주신 분들과 본서의 출판을 허락해주신 한국학술정보(주) 사장 및 출판부 직원들에게 깊은 감사를 드린다.

2006년 9월

장 양 례 씀

목　차

제1장 항공예약 업무의 개념

1. 항공예약의 정의

1) 항공예약의 정의

항공회사의 상품은 항공기를 이용하여 운송수단을 제공하는 서비스이며, 승객을 한 지역에서 다른 지역으로 이동시키는 공간과 시간상에 제약을 받는 서비스(좌석)에 있다고 할 수 있다. 즉 항공좌석은 서비스 상품의 특성인 생산과 소비가 동시에 발생하는 동시성을 가지고 있기 때문에 생산되는 순간에 소비되지 않으면 보관하여 다시 판매를 할 수 없는 시한성과 일회성을 가지고 있다. 결국 상품이 생산되는 순간에 최대한 소비될 수 있도록 사전에 좌석의 판매가 예약의 형태로 이루어지도록 유지하여야 한다. 따라서 사전 항공예약을 통하여 생산될 상품의 판매를 촉진하고 소요량을 예측하여 생산의 규모를 계획하고 예약이 확약된 발권을 통하여 수입을 확정하게 하며 운송의 준비를 하는 역할을 담당하고 있다.

오늘날의 항공예약 시스템은 자사의 좌석예약 뿐만 아니라 승객의 여정에 수반되는 타 항공사의 항공편에 대한 예약도 일괄적으로 단시간 내에 처리를 해주고 있다. 승객의 입장에서는 탑승해야 할 항공사마다 전화를 걸어 예약을 해야 하는 번거로움을 제거할 수 있으며, 또한 항공예약은 일단 예약을 하고 난 뒤에도 자유스럽게 취소하거나 변경할 수 가 있으며 반드시 항공권을 소지한 승객만이 예약을 할 수 있는 것은 아니다. 그리고 예약의 경우 해당 항공편 출발 352일 전부터 예약을 접수하고 있으므로 빠르면 빠를수록 예약을 하기가 용이하며 성수기 때는 좌석을 미리 예약을 해놓는 것이 좋다고 할 수 있겠다.

이처럼 항공사의 예약업무가 시작된 것은 1919년 네덜란드 KLM 항공사부터이며, 항공예약업무는 처음에는 수작업으로 시작된 것이 지금은 CRS(Computer Reservation System)로 발전하여 비약적인 발전을 거듭하고 있다.

2) 항공예약 업무의 기능

(1) 고객 서비스 측면

첫째, 예약을 하게 되면 여객이 원하는 시간대로 세계 어느 곳이든지 최종목적지까지 편리하게 여행할 수 있도록 CSR를 통하여 예약이 가능하며, 스케줄 정보 조회뿐만 아니라 전 세계 항공사의 시간표(Official Airline Guide)를 참조하여 여정(Itinerary)을 작성해 주고 이에 따라 항공좌석의 확보를 위하여 타 항공사의 예약도 한다.

둘째, 항공여정 이외에 승객이 여행하면서 필요로 하는 각종 서비스를 예약해 주거나 편의를 제공하여 준다. 즉, 호텔예약이 가능하며, 해당 항공편의 이용자에게 호텔의 관련사항(호텔명, 위치, 요금, 전화번호, 텔렉스번호 등)을 안내하여 승객이 원하는 호텔을 예약해 주고 있다. 더불어 관광, 렌터카, 기타 교통편을 들 수가 있는데 세계주요 관광지의 정보나 예약 그 외에 렌터카, 항공여행과 연결되는 기타 교통편(선박, 육로교통)등의 예약도 접수하고 있다. 또한 고객이 사전예약을 통해 기내에서 특별 음식(Special meal)이 예약가능하다. 승객 중 종교, 건강, 취향 등으로 기내식사에 특별음식을 원하는 경우는 사전(항공사마다 상이하나 늦어도 출발 1일 전까지)에 예약을 받아 제공하고 있다. 그리고 제한여객 운송경우에는 미리 Stretcher 환자, 비동반 소아(12세미만), 임신부(8개월 이상)등 여행 중 특별한 주의가 필요한 승객은 소정서류(의사의 건강진단서, 해당항공사의 서약서)를 예약접수 한다. 기타 여행정보 제공으로는 승객이 문의하는 제반여행정보(항공요금, 출·입국절차, 쇼핑 등)를 안내하고 승객의 항공여행 상담 역할을 한다.

(2) 항공사 경영 측면

첫째, 항공예약은 잠재고객이 항공사 직원과 접촉하여 자신이 희망하는 항공편의 좌석 이용가능성(Availability)과 함께 항공여행 일정을 확정짓는 절차라 할 수 있으며, 항공사는 좌석의 판매, 즉 항공예약이 전제되어야만 운송서비스의 제공을 고객에게 확약할 수 있다. 그래서 항공사에서는 예약기능을 예약판매라 하는데 이는 예약이 예약으로만 끝나지 않고 항공좌석의 판매와 직결된다는 뜻이다. 또한 예약판매 업무는 주로 전화에 의해 이루어져 전화판매라고도 하는데 이것은 여객이 항공사를 접촉하는 가장 간단하고 신속한 방법의 하나이다.

따라서 예약을 통하여 여객이 여정을 확정할 수 있고 이것이 발권으로 연결되어 판매가 이루어지게 하는 판매 및 판촉수단이다. 또한 판매활동을 통하여 유치된 수요가 좌석의 예약-발권-탑승의 절차를 거침으로써 판매가 확정되는데 그 중 일부의 역할을 예약이 담당하기도 한다. 특히 각 항공사에서는 전화예약판매를 효율적으로 운영하기 위해 일반판매(개인판매), 여행사판매, 단체판매, 투어판매로 나누어서 운영하고 있다.

둘째, 항공좌석 판매의 통제로 정기항공운송(Scheduled flight)은 예정된 운항 스케줄에 따라 비행하며 운항항공기 자체는 좌석 공급력에 한계가 있으므로 계절별 및 요일별 성수기에 따른 고객의 요구에 항상 부응하기 어렵다. 더구나 항공사는 한 좌석을 판매하더라도 수익성(Revenue)을 고려해야 하며 탑승률(Load Factor)도 극대화되도록 노력해야 한다. 환언하면, 항공사는 좌석의 판매에 국한되지 않고 좌석의 철저한 재고관리(Inventory Control)를 통해 한정된 좌석 공급력으로 수입의 최대화를 도모하는 한편, 늦은 취소(Late Cancellation)나

불량예약(No-Show)으로 인한 좌석의 손실을 막고 탑승률을 극대화하기 위한 노력을 기울여야 한다. 또한 항공좌석의 공급이 수요를 초과할 때에는 재고관리보다 좌석판매가 우선되어야 하지만, 그 반대 현상일 때에는 매출액의 극대화를 위해 티켓요금(Ticket Fare)을 분석하여 선별예약을 함으로써 판매를 통제하게 된다. 즉 할인항공권 소지자보다는 정상요금 지불자의 예약을 우선적으로 접수하는데 이는 예약통제를 통해서만 가능한 일이다.

셋째, 운송의 사전 준비인데 항공예약은 좌석예약에만 국한하지 않고 사전에 특별히 항공사가 준비해야 할 서비스에 관한 예약도 포함한다. 즉 특별한 서비스 또는 조치(Special Handling)가 요청되는 승객(특별기내식 준비, 특별한 보호를 요청하는 승객 등)에 대해서는 그 내용을 예약과 동시에 관련부서에 통보·준비하고 탑승수속 또는 탑승 중 준비한 사항들을 차질 없이 전달함으로써 올바른 서비스를 제공해야 한다.

2. 항공예약 경로

1) 직접 예약방문

해당항공사의 지점이나 영업소의 발권카운터(Ticketing Counter)를 통하여 직접 항공사로 찾아오는 승객을 유치하는 판매이다. 따라서 항공사가 도심내의 여러 지역에 각 항공사 발권카운터를 설치 운영하고 있으며, 이러한 운영은 판매액의 증가보다는 항공사 이미지 홍보, 항공권의 재발행(Reissue), 환불, 여정의 변경, 마일리지 서비스 등 고객서비스를 원활게 함이 주된 목적이라 할 수 있다.

2) 전화·팩스·PC통신

여객이 해당항공사의 예약과에 전화를 걸어 직접 예약을 하거나, 예약 전화의

급증에 따른 수용력의 한계극복 및 예약접수 경로의 다양화를 통한 고객만족도
의 제고를 위해 팩스를 이용하여 10명 이상 그룹(Group)이나 소규모 인원도
예약접수가 가능하며, 천리안, 하이텔 등 PC를 이용하여 직접 예약이 가능하
다. 그리고 최근에는 인터넷(Internet)을 이용하는 추세로 변해가고 있다.

3) 여행사(Travel Agency)와 총판 대리점(GSA: General Sale Agency)

항공사의 가장 중요한 유통경로가 여행사에 의한 판매라 할 수 있으며 항공사는
자사의 항공권을 판매한 여행사에 일정액의 판매수수료(Agency Commission)를
지불한다. 그러나 여행사는 일반적으로 어느 특정 항공사의 판매 대리점 영업활동을
하는 것이 아니고 여러 항공사의 판매 대리점을 동시에 겸하고 있어 다양한 항공사
의 티켓을 판매한다는 것이다. 국내의 경우 여행사는 IATA(International Air
Transportation Association)로부터 인가를 받은 인가 대리점과 인가 없이 설
치된 대리점 등 두 가지 형태가 존재하고 있다.

여행대리점은 여정에 대한 예약요청이나 처리와 이에 수반되는 변경사항을 통
보할 경우에는 항상 한 항공사나 하나의 CRS를 통해 이루어져야 하며, 승객의
연락처는 해당 항공사, 서비스 제공자에게 통보하여야 하며, 승객의 요청이 있
을 경우 항공좌석이나 기타 서비스를 요청할 수 있다. 또한 항공권이나 기타 관
련 서류는 예약된 각각의 서비스 요소와 발권 및 항공권 구입 제한시간(Time
Limit)내에 발권해야 한다.

총판매대리점 여행사의 관리 및 해당 여행사의 위치하고 있는 지역을 관할하고
있는 항공사의 지점이나 영업소에 의하여 수행되고 있다. 그러나 지역적으로 원거
리에 있거나 해당지역에 항공사의 지점이나 영업소가 없는 경우 그 업무를 대행하
는 제3자를 지정할 수 있으며 이것을 총판매대리점이라 하고 여행사 또는 그 지
역의 항공사를 총판매대리점으로 위임하기도 한다. 총판매대리점도 여행사와 마찬
가지로 판매액에 따른 일정액의 판매수수료를 받는다.

4) 타항공사

항공회사 상호간에 상대방의 항공권을 가지고 자사의 항공기에 탑승할 수 있도록 협정(Interline Agreement)을 맺은 경우에는 협정 당사자가 상대방 항공사의 대리인으로서 좌석 판매를 서로 인정하도록 결정하고 있다. 이에 따라 대한항공의 항공권을 가지고 자기회사의 항공기에 탑승할 수 있다. 이 경우에도 판매액에 따라 일정액의 수수료가 지불되고 있으며 여행사의 경우와 마찬가지로 이것을 항공사간 수수료(Interline Commission)라고 한다.

3. 항공예약의 운용

1) 초과예약(Over Booking)개념과 목적

일반적으로 항공사뿐만 아니라 많은 관광사업체들이 초과 예약제도를 사용하고 있는데, 항공사의 좌석예약은 출발일을 기준으로 하여 352일 전부터 가능하기 때문에 사전에 예약을 할 수 있지만, 승객의 예약취소 또는 변경으로 인하여 예약상황이 수시로 변화하기 때문에 항공기의 공급좌석(판매가능 좌석)을 초과하여 예약을 접수해야만 한다. 이를 초과예약제도라 하고 실제 탑승수속 시점에서 탑승가능 좌석수보다 더 많은 승객이 공항에서 확약된 항공권을 가지고 탑승수속을 하는 초과판매(Oversale)와 엄밀히 의미에서 차이가 있다. 따라서 초과예약의 목적은 승객이 예약취소 및 노쇼(No-Show) 발생으로 인한 좌석탑승률의 감소를 방지하기 위해서 초과 예약제도를 활용하고 있으며, 초과예약을 통하여 예약기회가 많아지므로 보다 더 많은 승객이 좌석을 확약 받을 수 있다. 항공사가 적정선의 초과예약(보통120%)을 실시하지 않을 경우 수입보전을 위하여 운임인상이 불가치하여 결과적으로 승객에게 손해를 초래할 수 있다.

2) 초과예약의 실패(Oversale)에 대한 보상제도

초과예약은 해당 비행편의 과거 예약추세, 구간의 특성, 계절별 요인 등을 감안하여 실시하나, 경우에 따라 예상을 벗어나 초과판매가 발생될 수 있다. 초과판매가 발생될 경우에는 해당 비행편과 도착시간이 유사하여 승객의 차후 계획에 차질이 없는 대체 편을 우선적으로 제공해 주고, 대체 편에 탑승을 거부할 때에는 예상되는 수의 승객들에게 보상액을 제시하여 지원자를 접수하고 보상액을 차후 내용에 따라 차등적으로 적용한다. 따라서 항공사가 예약의 취소를 감안하여 초과예약을 20%정도 실시하기 때문에 항공사를 이용하는 고객이라면 반드시 항공사에 예약 재확인을 하여야 한다. 예약의 재확인은 여행 도중에 어느 지점에서 72시간 이상 체류할 경우, 항공편 출발 72시간 전까지 탑승예정 항공사에 전화 등을 이용하여 재확인하여야 한다. 재확인을 하지 않았을 경우에는 예약이 취소될 수 있으나 최근 대한항공에서는 예약재확인 서비스를 하지 않아도 되는 제도를 시행하고 있다.

제2절 항공예약시스템
(CRS: Computer Reservation System)

1. 항공예약시스템 개념

1) 항공예약시스템의 정의

항공산업 초창기에는 컴퓨터가 없었기 때문에 항공기 좌석예약을 일일이 OAG를 이용하여 수작업에 의존하여 왔지만, 지속적인 항공수요의 증가로 효율적인 예약 업무의 운용과 수용의 조절이 보다 정확하게 이루어질 수 있는 전산화의 필요성이 대두되었다. 이에 각 항공사들은 예약업무 전산화를 추진하게 되었고 최근에 컴퓨터의 개발로 인하여 전산예약 시스템(CRS: Computer Reservation System)으로 발전하였다. 항공사 컴퓨터 예약시스템인 CRS는 컴퓨터에 의한 예약·발권 시스템을 말하며, 온라인의 단말기항공사 주 컴퓨터에 연결된 CRT(Cathode Rays Tube: 컴퓨터 단말장치)를 통해 직접 해당항공사와 좌석의 상태를 바로바로 조회하고 예약 및 발권까지 가능하며, 최근에는 항공권 전자발권, 항공권 발매에서 여행정보, 항공기 운송정보, 호텔 및 렌터카 예약, 항공운임 자동 산출, 고객의 다양한 요청사항 수행 등에 이르기까지 항공사의 영업전반에 성패를 좌우할 수 있는 부가가치 통신망(VAN)이다. 최초의 CRS 개념은 항공사 내부의 생산성 향상과 비용 절감 등의 효과를 목적으로 개발되었으나 지금은 항공사의 기본적인 영업수단으로써의 기능뿐만 아니라 여행대리점을 통해 판매망을 넓혀 나가는 마케팅 수단으로서의 역할을 수행하고 있다.

2) 항공예약시스템의 주요기능

첫째, 기능은 좌석 공석관리 기능이다. 1978년 항공규제 완화되면서 운임결정이나 노선운영 등이 자율화되었고 미국 내에서 만도 50만종에 달하는 복잡한 운임구조가 형성되었다. 운항스케줄의 빈번한 변경 등으로 좌석의 공석문제가 야기됨에 따라 이에 대응할 수 있는 전산예약 시스템이 필요하게 되었다.

둘째, 항인요금과 공석과의 최적조합을 통한 수입극대화(Yield Management)기능이다. 과거 실적자료의 분석 및 거래의 예약 추세를 예측하여 각 항공편 및 특정 구간별로 예약을 통제함으로써 초과예약(Over Booking)을 효과적으로 활용하며 할인요금 승객과 정상요금 승객을 최적으로 조합하여 수입극대화를 도모하는 것으로 항공사간의 경쟁이 치열해짐에 따라 더욱 주목받고 있는 예약관리시스템의 중요한 기능이다.

셋째, 다양한 정보제공 기능으로서 호텔, 렌터카, 철도예약, 각종 행사 관련 정보, 기정예보 및 외환시세 등 다양한 정보를 이용자에게 추가로 제공하는 기능이다. 현재 항공예약시스템의 진가는 예약기능 보다는 이러한 다양한 정보제공에 따른 마케팅, 즉 집객능력에 있다.

CRS의 기본적 기능은 다음과 같다.
① 비행 스케줄, 운항정보 조회, 잔여좌석 상태 조회 및 좌석 예약
② 운항구간의 운임 조회 및 BSP 참여 항공사 발견
③ 호텔/렌터카 정보 조회 및 예약
④ 상용 고객의 세부 정보 내역 저장 관리

⑤ 여행 상품의 정보 제공 및 예약(철도, 선박회사 등 여행관련업체)
⑥ 국가별 비자 등 여행관련 정보 조회
⑦ 항공업계 뉴스 및 시스템

이러한 CRS기능은 이렇게 단순한 예약기능의 차원을 넘어 다양한 정보제공 기능을 수행하여 고객 확보를 가능하게 하고 항공사의 수익을 향상시키는 기능을 수행하는 것이다. 최근의 CRS 정보기능은 여행관련 정보에서 기업동향 정보에 이르기까지 점차 그 범위가 확대되는 추세에 있다.

2. 항공예약시스템(CRS: Computer Reservation System) 발전과정

1) 항공예약시스템 발전과정

1962년 American Air(AA)는 IBM과 합작하여 항공사 최초의 CRS인 SABRE(Semi Automated Business Research Environment)를 개발하여 본격적인 운용을 시작하였고 이것이 세계최초의 컴퓨터 예약시스템의 개발이다. AA의 SABRE를 시작으로 단말기를 통항 항공사의 예약업무 자동화가 성공을 거두었지만, 급증하는 수송량을 항공사의 예약부문 인원과 전화회선의 증가만으로 처리할 수 없게 되어 그 이후 UA-APOLLO, NW-PARS, DL-DATA Ⅱ, CO-SYSTEM ONE 등 많은 항공사들이 자체 CRS를 개발 운영하고 있다.
1976년 AA에서 "SABRE"를 여행 대리점에 설치하기 시작하면서 자사단말기의 설치가 또 다른 판매망의 확대를 가져왔으며, CRS는 항공사의 업무자동화 기능뿐만 아니라 영업 활동의 중요한 도구로서 그 역할이 확대되었다.
따라서 각 항공사들은 자체 CRS를 여행 대리점에 제공함으로써 좌석 판매를 증대시킬 수 있다는 인식하에 단순한 예약 기능들의 개발이 경쟁적으로 이루어지게 되었다. 한편 미국에서는 점차 기능을 확대하고, 정보 처리량을 늘리면서 거대화를 이룬 컴퓨터예약시스템들이 국내시장에만 머무르지 않고 타 지역으로 눈을 돌리게 되었고 미국의 침투를 방어하기 위해 항공사들은 다자간 협력을 통해 지역연합 컴퓨터 예약시스템을 구성하게 되었는데, 이를 GDS(Global Distribution System)이라고 한다. 최근에 이르러서는 각 컴퓨터 예약시스템 및 GDS들을 서로의 시장 확대와 경쟁력 강화를 위해 협력을 강호하고 있으며 93년에 유럽의 갈릴레오와 미국의 아폴로가 상호 합병한 바 있으며, 95년에는 유럽의 아마데우스와 미국의 시스템 원(SYSTEM ONE)이 합병하였다.

2) CRS의 현황

CRS기능의 발달에 따라 단순한 예약의 도구로서만이 아니고 영업의 중요한 시스템으로서 위치를 굳히게 되었으면 항공 마케팅의 핵심이 되었다. 즉 항공운송 사업에서의 판매는 전산예약시스템에 의존할 수밖에 없게 되었다. 여행대리점은 모든 항공사들의 지역 간 비행스케줄을 확인할 수 있게 되었고, 또한 대부분의 항공권 판매가 여행대리점의 전산예약시스템을 통하여 이루어지고 있다. 대리점이 특정 항공사의 전산예약시스템을 우선적으로 사용할 경우에는 타 항공사의 유력한 수단이 되고 있다. 이에 따라 자사에 유리한 예약시스템을 개발, 확장시키는 것이 궁극적으로는 항공사의 성패를 결정짓는 중요한 요인으로 작요아고 있기 때문에 CRS의 확장과 관련된 항공사간의 경쟁은 더욱 치열해 질 수밖에 없다. 향후 항공예약시스템 경쟁의 결과에 따라 기업 간의 격차가 더욱 두드러지게 나타날 것이다. 이미 미국 내 주요항공사인 아메리칸 항공사의 SABRE와 유나이티드항공사의 APOLLO는 미국의 CRS시장의 70%를 점유하고 있으며, CRS산업을 자사의 경쟁력 강화를 위한 전략적 산업으로 육성하기 위한 전략적 경영수단으로서 활용하고 있으며 자국 내에서 뿐만 아니라 세계시장에서 우위를 점하기 위해 각축을 벌이고 있다.

1987년 유럽항공사들은 유럽민간 항공 기구를 통하여 단일 CRS개발을 시작하게 되었으며, 유럽의 CRS은 크게 루프탄자(LH), 에어프랑스(AF), 이베리아 항공(IB), 스칸디나비아항공(SK)은 AMADEUS로 불리고, 영국항공(BA), 스위스 항공(SR), 알리따리아(AZ), 네덜란드 항공(KL) 등은 GALILEO라 한다. 유럽의 주요대책은 미국의 CRS와 제휴하는 방법으로 아마데우스는 미국의 SYSTEM ONE과 GALILEO는 APOLLO와 제휴하는 방법을 통해서 미국의 CRS의 힘을 통해 거대한 CRS시장을 구축하게 되었다. 또한 아시아 지역의 예약시스템은 콴 타스 항공(QF)과 일본항공(JL)과 전 일본항공 추축으로 하는 아메리칸 항공의 세 이버에 준거하여 시스템을 구축하여 나가고 있으며, 싱가포르 항공(SQ), 캐세이퍼 시픽 항공(CX), 중화 항공(CA), 필리핀 항공(PR)등이 이끄는 ABACUS가 있다.

한편 한국의 CRS산업의 현황을 살펴보면 1991년 미국 워싱턴에서 열린 한 · 미 항공회담의 협정결과 1992년부터 국내 CRS시장이 전면 개방되어 외국 의 대형 항공사들이 국내 CRS시장에 진출하게 되었다. 현재 외국의 대형 항공 사들이 운영하고 있는 초대형 CRS는 대한항공이나 아시아나항공 등보다 훨씬 월등한 정보와 기능을 보유하고 있다.

그러나 국적항공사인 대한항공은 이미 외국계 CRS에 의한 시장지배를 예상 하고 1972년부터 CRS 전산화작업을 시작으로 대형 외국 CRS의 국내시장 유 입에 대비해 왔고, 자체 시스템 개발인 TOPAS 시스템을 구축하여 아마데우스 와 아메리칸 항공의 세이버 등에 가입하여 항공권 판매망을 넓히고 있다.

〈표 1-1〉 주요 CRS 현황

구 분	CRS 명	참 여 항 공 사	비 고
미 국	SABRE	아메리칸항공(AA)	
	APOLLO	유나이티드항공(UA)	GALILEO와 합병
	WORLD SPAN	노스웨스트(NW) 트랜스월드(TW) 델타항공(DL)	PARS와 DATAS II통합운영
	SYSTEM ONE	콘티넨탈항공(CO)	
유 럽	AMADEUS	AF, BA, IB, LH, SK 등 다수 항공사	
	GALILEO	SR, AZ, KL 등 다수항공사	APOLLO와 합병
아시아	ABACUS	CX, SQ, MH, CI, PR, BI, OZ, WORLD SPANQF, TE	
	FANTASLA	QF, TE	
	AXESS	JL	
	INFINI	NH	
한 국	TOPAS	대한항공(KE) AMADEUS와 제휴	
	ARTIS	아시아나항공(OZ)	

제3절
항공예약 실무 기본

1. 각 국가별 항공사 코드

〈표 1-2〉 각 국가별 항공사 코드

국 가	항 공 사 명	코드	국 가	항 공 사 명	코드
미 국	America Airline	AA	일 본	All Nippon Airways	NH
	Northwest Airlines	NW		Japan Airlines	JL
	United Airlines	UA		Japan Air System	JD
	Delta Airlines	DL	태 국	Thai Airways	TG
캐나다	Air Canada	AC		Oriental Airlines	OX
이태리	Alitalia Airlines	AZ	싱가포르	Singapore Airlines	SQ
영 국	British Airlines	BA	홍 콩	Cathay Pacific	CX
네덜란드	K.L.M. Royal Dutch Airlines	KL	필리핀	Philippine Airlines	PR
독 일	Lufthansa	LH	말레이시아	Malaysia Airlines	MH
터 키	Turkish Airlines	TK	인도네시아	Garuda Indonesia Airways	GA
프랑스	France	AF	베트남	Vietnam Airlines	V N
스위스	Swiss Airlines	SR	마카오	Air Macau	NX

국 가	항 공 사 명	코드	국 가	항 공 사 명	코드
우즈베키스탄	Uzbekistan Airways	HY		Air China	CA
러시아	Aeroflot Russian Int'l Airlines	SU	중 국	China Eastern Airlines	MU(동방)
극동러시아	Dalavia-Far East Airways	H8		China Northern Airlines	CJ(북방)
카자흐스탄	Air Kazakstan	9Y		China Southern Airlines	CZ(남방)
블라디보스톡	Vladivostok Airlines	XF	한 국	Korean Airline	KE
호 주	Qantas Airlines	QF		Asiana Airlines	OZ
뉴질랜드	Air New Zealand	NZ			

2. 국가별 주요도시 코드 및 공항 코드

국제항공운송협회(IATA)는 업무종사자간 공통의 용어를 사용하여 업무에 착오가 없이 정확하고 신속한 업무처리를 위해 비행기가 운항하는 세계의 각 도시코드는 2자리, 공항코드는 3자리로 암호화(Encode)하여 각각 도시코드와 공항코드를 만들었다. 때론 도시코드와 공항코드가 같은 경우도 있으나 프랑스나 영국 같은 나라 경우에는 여러 개의 국제공항이 있는 경우도 있어 공항코드는 도시코드와 다른 별도의 코드를 사용한다. 나라별로 도시코드를 살펴보면 다음과 같다.

1) 국가별 주요도시 코드 및 공항코드

〈표 1-3〉 한국지역 도시 코드 및 공항 코드

도시명	도시코드	공항코드	비 고	도시명	도시코드	공항코드	비 고
인천	ICN	ICN		서울	GMP	GMP	
부산	PUS	PUS		광주	KWJ	KWJ	
제주	CJU	CJU	코드 동일	목포	MPK	MPK	코드 동일
여수	RSU	RSU		울산	USN	USN	
강릉	KAG	KAG		속초	SHO	SHO	
진주	HIN	HIN		청주	CJJ	CJJ	

〈표 1-4〉 일본지역 도시 코드 및 공항 코드

도시명	도시코드	공항코드	비고	도시명	도시코드	공항코드	비고
Tokyo	TYO	NRT	2개	Osaka	OSA	KIX	2개
		HND				ITM	
Aomori	AOJ	AOJ		Kagoshima	KOJ	KOJ	
Hirosima	HIJ	HIJ		Komatsu	KMQ	KMQ	
Fukuoka	FUK	FUK	코드 동일	Kumamoto	KMJ	KMJ	
Nagoya	NGO	NGO		Matsuyama	MYJ	MYJ	코드 동일
Toyama	TOY	TOY		Nagasaki	NGS	NGS	
Nigata	KIL	KIJ		Oita	OIT	OIT	
Okayama	OKL	OKJ		Sendai	SDJ	SDJ	
Sapporo	SPK	CTS	*	Takamatsu	TAK	TAK	

〈1-5〉 중국지역 도시 코드 및 공항코드

도 시 명	도시코드	공항코드	비고	도 시 명	도시코드	공항코드	비고
Beijing	PEK	BJS	*	Shanghai	SHA	PVG	
Changchun	CGQ	CGQ		Dalian	DLC	DLC	
Guangzhou	CAN	CAN		Qingdao	TAO	TAO	
Shenyang	SHE	SHE		Tianjin	TSN	TSN	
Yantai	YNT	YNT	코드 동일	Harbin	HRB	HRB	코드 동일
Hangzhou	HGH	HGH		Chengdu	CTU	CTU	
Nanjing	NKG	NKG		Chongqing	CKG	CKG	
Guilin	KWL	KWL		Wuhan	WUH	WUH	
Xiamen	XMN	XMN		Xian	XIY	XIY	
Jinan	TNA	TNA		Kunming	KMG	KMG	

〈1-6〉 아시아 지역 도시 코드 및 공항코드

도 시 명	도시코드	공항코드	비고	도 시 명	도시코드	공항코드	비고
Hongkong	HKG	HKG		Jakarta	JKT	CGK	*
Bangkok	BKK	BKK		Singapore	SIN	SIN	
Manila	MNL	MNL	코드 동일	Taipei	TPE	TPE	
Denparsar	DPS	DPS		Kualalumper	KUL	KUL	코드 동일
Penang	PEN	PEN		Phuket	HKT	HKT	
Hanoi	HAN	HAN		Hochiminh	SGN	SGN	

〈1-7〉 남태평양 지역 도시 코드 및 공항코드

도시명	도시코드	공항코드	비고	도시명	도시코드	공항코드	비
Sydney	SYD	SYD	코드 동일	Auckland	AKL	AKL	코드 동일
Brisbane	BNE	BNE		Chirst-Church	CHC	CHC	
Guam	GUM	GUM		Nandi(fiji)	NAN	NAN	
				Saipan	SPN	SPN	

〈1-8〉 캐나다 · 미주 지역 도시 코드 및 공항코드

도시명	도시코드	공항코드	비고	도시명	도시코드	공항코드	비고
Vancouver	YVR	YVR	코드 동일	Kansas City	MKC	MCI	*
Calgary	YYC	YYC		Las Vegas	LAS	LAS	코드 동일
Ottawa	YOW	YOW		Los Angles	LAX	LAX	
Toronto	YYZ	YYZ		Miami	MIA	MIA	
Montreal	YMQ	YUL	*	Minnea Polis	MSP	MSP	
Atlanta	ATL	ATL	코드 동일	New orleans	MSY	MSY	
Anchorage	ANC	ANC		Olando	ORL	MCO	*
Boston	BOS	BOS		Philadelphia	PHL	PHL	코드 동일
Baltimore	BWI	BWI		Portland	PDX	PDX	
Buffalo	BUF	BUF		Salt Lake City	SLC	SLC	
Chicago	CHI	ORD	2개	San Diego	SAN	SAN	
		MDW					
Cleveland	CLE	CLE	코드 동일	San Fransco	SFO	SFO	
Denver	DEN	DEN		Tampa	TPA	TPA	
Detriot	DTT	DTW	*	New York	NYC	JFK	3개
						LGA	
						EWR	
Indiana Polis	IND	IND	코드 동일	Honolulu	HNL	HNL	코드 동일
Charlotte	CLT	CLT		Washington DC	WAS	IAD	2개
						DCA	

〈1-9〉 유럽 지역 도시 코드 및 공항코드

도 시 명	도시코드	공항코드	비고	도 시 명	도시코드	공항코드	비고
London	LON	LHR	2개	Paris	PAR	CDG	2개
		LGW				ORY	
Frankfurt	FRA	FRA	코드 동일	Lyon	LYS	LYS	코드 동일
Zurich	ZRH	ZRH		Geneva	GVA	GVA	
Madrid	MAD	MAD		Barcelona	BCN	BCN	
Vienna	VIE	VIE		Hanburg	HAN	HAN	
Amsterdam	AMS	AMS		Nice	NCE	NCE	
Copenhagen	CPH	CPH		Venice	VCE	VCE	
Oslo	OSL	OSL		Budapest	BUD	BUD	
BrusICN	BRU	BRU		Athens	ATH	ATH	
Helsinki	HEL	HEL		Istanbul	IST	IST	
Berlin	BER	TXL	*	Cairo	CAI	CAI	
Stockholm	STO	ARN	*	Hanover	HAJ	HAJ	
Florence	FLR	FLR	코드 동일	Milan	MIL	LIN	*

3. ICAO Phonetic Alphabet

ICAO Phonetic Alphabet는 예약업무 수행 시 예약담당자간 신속하고 정확한 의사소통을 위해 알파벳 영문자에 단어 첫 문자로 시작하는 단어를 연결시켜 쉽게 알파벳 영문자를 인식하도록 하기 위한 목적으로 국제민간항공기구(ICAO: International Civic Aviation Organization)에서 권장하는 음성 알파벳을 사용하는데 예약번호, 도시코드, 공항코드 가족 예약 Entry 등 항공용어가 구성되어 있다.

〈1-10〉 유럽 지역 도시 코드 및 공항코드

Letter	Phonetic Alphabet	Letter	Phonetic Alphabet
A	Alpha	N	November
B	Bravo	O	Oscar
C	Charlie	P	Papa
D	Delta	Q	Queen / Qubec
E	Echo	R	Romeo
F	Father	S	Smile
G	Golf	T	Tango
H	Hotel	U	Uniform
I	India	V	Victory
J	Juliet	W	Whisky
K	Kilo	X	X-ray
L	Lima	Y	Yankee
M	Mike	Z	Zulu

4. 항공사 코드 공동운항(Code Share)

항공사 코드 공동운항(Code Share)은 자사소속 비행기가 아니더라도 제휴를 맺은 항공사의 좌석을 일정부분 할당받아 승객들에게 판매하므로 수익률을 향상시키기 위한 한 방편으로 사용되고 있다. 코드공동운항은 남는 좌석이 없거나 승객이 요구하는 노선을 운항하지 않을 경우 다른 항공사의 남는 좌석을 연결해 주는 기존의 엔도스먼트(Endorsement)방식보다 진전된 항공사간 협업방식이다. 코드공동운항 시 항공운임은 실제 비행기를 운항하는 제휴항공사에 넘겨주며, 점점 더 많은 항공사들이 공동운항 제휴를 전략적으로 맺고 있다.

대표적인 대한항공의 공동운항 제휴항공사들을 살펴보면 에어 캐나다, 에어뉴질랜드, 델타, 가루다, 이베리아, 베트남, 안셋 항공사를 들 수 있으며, 아시아나 항공 같은 경우는 노스웨스트, 우즈베키스탄 항공, 호주 콴타스 등을 들 수가 있다.

제4절
항공권의 이해

1. 항공권의 정의

1) 항공권의 정의

항공권은 "운송의뢰인. 즉 승객과 항공사간에 성립된 운송계약의 내용을 표시하고 그에 정한 바에 따라 운송이 항공사의 운송약관 및 특약에 의거하여 행해지는 것을 표시하는 증거증권"이다. 따라서 운송계약은 항공사와 승객간의 권리 및 의무관계가 발생하는 요인이 되므로 그 책임소재를 명확히 할 필요가 있다. 국제선 항공권의 정식 명칭은 "Passenger Ticket and Baggage Check"이다. 이는 승객의 운송 및 위탁수하물에 대한 수송까지 책임을 진다는 의미다. 항공권을 포함한 운송증표의 종류는 크게 다섯 가지로 구분된다.

① Passenger Ticket And Baggage Check
   승객의 운송 및 승객의 위탁수하물의 수송에 대한 증표
② Miscellaneous Charges Order(MCO)
   추후 발행될 항공권의 운임 또는 해당승객의 항공여행 중 부대서비스비용

을 선 징수한 경우 등에 발행되는 지불증표

③ Excess Baggage Ticket

승객으로부터 징수된 초과수하물 요금에 대하여 발행되는 영수증표

④ Trippass And Baggage Check

항공관련 직원들이 사용하는 무임 운송표

⑤ Collective Ticket For Passenger And Baggage

전세기 승객이나 대형 단체 등에 임시적으로 발행되는 운송증표

2) 항공권의 종류

항공권은 발행 방법에 따라 수기 항공권과 전산항공권으로 나누어지며, 발행 주체에 따라 항공사 항공권과 BPS 항공권으로 구분된다.

(1) 일반항공권(MIT: Manually Issued Ticket)

항공권의 기재내용을 직접 손으로 작성하여 발행하는 항공권으로 일명 수기항 공권이라고도 한다. 발행 시에는 인쇄체 대문자를 사용하여 기재하며 진하게 눌 러 기재함으로써 마지막 쿠폰까지 기재 내용이 명확히 나타나도록 하여야 하며 탑승쿠폰은 2매 또는 4매가 들어있다.

(2) 전산항공권(TAT: Transitional Automated Ticket)

전산시스템을 이용하여 승객의 예약기록에 반영된 예약 및 발권자료에 근거하 여 자동으로 발행되는 전산항공권이며, 탑승쿠폰은 4매가 들어있다.

(3) 탑승권겸용 항공권(ATB: Automated Ticket & Boarding pass)

항공사 항공권과 탑승권이 통합되어진 항공권으로 항공권 자체에 탑승권이 함 께 부착된 형태이다. 이 항공권을 발행하면 뒷면의 Magnetic Stripe(자석띠)에 는 예약 및 발권 기록이 저장되며 여기에 저장된 자료들은 공항에서 탑승수속 시

CRT화면에 나타나므로 운송직원은 간편하게 탑승수속을 수행할 수 있다. 현재 미국 및 유럽 , 동남아시아에선 캐세이퍼시픽 항공사 등의 항공사에서 주로 사용되고 있으며, 탑승권겸용항공권은 항공사의 비용절감 효과를 상당히 거두고 있고 고객들의 반응도 상당히 좋다. 현재 우리나라도 국내선 항공권 같은 경우는 자체 발권이 가능해 졌으며, 향후 국제선도 점차적으로 도입되고 있다.

(4) 은행결제항공권(BSP TICKET: Bank Settlement Plan Ticket)

BPS제도에 가입한 대리점용 항공권으로 항공사들의 발권 카운터에서 각각 자사의 항공권으로 발권하고 있으나 BSP 가입 대리점들은 BSP-Korea에서 제작한 대리점용 항공권을 사용하고 있으며, 현재 우리나라를 비롯하여 일본, 캐나다 등에서 사용되고 있다. 항공사들이 발행하는 항공권이나 BSP 항공권은 모두 IATA가 제정한 양식에 맞추어 제작하고 있으므로 기재내용의 차이는 없다. 여기서 BSP제도란 "항공사와 여객대리점 간의 업무 간편화를 위해 도입된 제도로서 다수의 항공사와 다수의 대리점사이에 은행이 개해하여 중립적인 항공권 양식의 배포, 판매대금 및 판매수수료의 결제 등의 업무를 담당하는 제도"이다. 따라서 은행청산제도를 시행하는 나라에서는 국가 단위로 하나의 결제은행을 임명하고 모든 가입 대리점들이 결제은행을 통해 매월 2회 항공권 매표대금을 청산하고 항공사들은 결제은행으로부터 매월 2회 매표대금을 받는다. 항공사는 결제은행이 작성한 각 대리점별 매표보고서와 입금 내용만 확인하면 청산업무가 끝난다. 현재 BSP가입 항공사는 대한항공사를 비롯하여 50여개와 국내 여행대리점들이 700여개 가입하고 있다.

※ ATR (Air Ticket Request)대리점이란?

항공관련 여객대리점 중에 담보능력 등의 부족으로 'BPS'제도에 가입하지 못하였거나 또는 항공권을 보유하지 못해 승객으로부터 요청받은 항공권을 해당 항공사 발권카운터에서 수입하는 대리점(여행사)을 말한다. 이런 소규모 비가입 대리점들은 항공권을 보유하지 않고 있으며, 여객의 요청이 있을 때마다 항공권 발행신청서를 장성하여 해당 항공사의 발권 카운터에 가서 운임을 지불하고 항공권을 발급받아 여객에게 전달한다.

2. 항공권의 일반적 사항

1) 항공권의 구성

항공권의 구성은 항공사명, 운송권명, 일련번호, 도안 등이 들어가 있는 앞표지
와 국제선여객에 대한 책임제한에 관한 고지, 수하물 배상책임한도, 위험수하물 안
내, 알림, 계약조건, 예약재확인 건 등 공지사항 등으로 구성된 표지내부 그리고,
항공여정에 다른 책임과 권리 권한 요금 등으로 구성된 쿠폰으로 이루어져 있다.

① 앞표지

항공사명, 운송권명, 일련번호, 도안 등으로 구성되어 있다.

② 표지내부

국제선 여객에 대한 책임제한에 관한 고지, 수하물 배상책임한도, 위험수하물
한내, 알림, 계약조건, 예약재확인 건 등으로 구성되어 있다.

③ 쿠 폰

항공권의 구성에 있어 가장 핵심적인 부분으로 이에 대한 자세한 내용은 바로
다음 항으로 바꾸어 살펴보고자 한다.

2) 쿠폰의 종류

항공권의 구성에 있어서 가장 중요한 비중을 차지하고 있는 쿠폰의 종류에 대
하여 살펴보면 크게 4가지로 나눌 수가 있는데, 이는 다음과 같다.

(1) 심사용 쿠폰(Audit Coupon): 녹색

항공권상의 첫 번째 쿠폰으로 제반사항을 기록한 후, 본 쿠폰을 절취하여 해당일의 매표보고서와 함께 항공사의 수입관리부로 송부한다. 수입관리부에서는 송부된 쿠폰을 통하여 적정운임의 징수 여부를 심사한다. 여객성명 및 여정, 운임 등을 기재하면 뒤에 붙은 여러 매의 쿠폰들이 동시에 기재되며, 기재완료 후 심사용 쿠폰을 떼어 매표보고서와 함께 수입관리부에 송부한다. 수입관리부는 회수된 심사용 쿠폰을 통해 적정 운임이 징수되었는지 심사한다.

(2) 발행점용 쿠폰(Agent Coupon): 붉은색

이 쿠폰은 항공권을 방행한 항공사의 매표소에 보관하는데 그 이유는 발행점의 발권기록에 대한 근거로서 발권 후 절취하여 발행소에 보관하는 쿠폰이다. 만약에 여객이 항공권을 분실한 경우 또는 여정변경을 의뢰할 경우 새 항공권을 발행 시 운임의 산출을 위한 근거자료로 사용한다.

(3) 탑승용 쿠폰(Flight Coupon): 붉은색

항공권의 종류에 따라 2매 또는 4매가 발행되며, 승객이 공항에서 탑승수속 시 제출하는 쿠폰으로 각 탑승쿠폰에는 각각의 탑승구간이 명기되어 있으며 탑승권(Boarding Pass)으로 교환한다. 탑승 수속 시 항공사 직원은 해당 구간의 탑승쿠폰을 떼어내고 여객에게 Boarding Pass를 교부하며, 탑승용 쿠폰은 여행하는 해당 구간의 숫자만큼 존재하고 발행순서대로 사용한다.

(4) 승객용 쿠폰(Passenger Coupon): 흰색

여객이 소지하는 여객용 쿠폰에는 전체 여정이 명기되어 있으며, 이것에 명기된 여정은 운송계약의 일부가 된다. 따라서 여행하는 동안 승객이 소지하는 쿠폰으로 탑승 수속 시 탑승용 쿠폰과 함께 제시되어야 한다. 또한 이것은 승객이 여행을 모두 마치고 차후에 항공요금의 지불에 대한 영수증 대체용으로 보관하게 되며, 기존에는 마일리지 기입 시에도 항공사에서 Boarding Pass만 요구

하였으나 현재에는 승객용 쿠폰을 요구하고 있어 탑승 후 각 항공사 마일리지 기입 시에 꼭 제시하여야 한다.

3) 항공권의 일반적 사항

(1) 항공권의 일반적 사항
① 국제선 항공권의 유효기간은 적용운임에 따라 결정된다.
② 정상운임의 경우 여행 개시일로부터 1년이며, 여행이 개시되지 않았을 경우에는 발행일로부터 1년이다.
③ 특별운임의 경우 해당규정에 따라 유효기간이 상이하며, 최대 및 최소의 체류기간을 함께 제한하는 경우가 대부분이다.
④ 항공권은 유효기간의 만료일 자정까지 유효하다. 즉 마지막 탑승용 쿠폰의 여정을 만료일 자정 이전까지만 개시하면 된다.

(2) 항공권의 양도
어떠한 경우에도 한번 발행된 항공권은 타인에게 양도가 불가능하며, 항공권에 관한 권한은 항공권상의 "Name of Passenger"(승객명)란에 명시된 승객에게만 주어진다.

(3) 적용운임 및 통화
모든 항공운임은 운임산출 규정이 정하는 바에 따라 최초 국제선 출발국의 통화로 계산되며, 한국출발의 여정에는 "KRW"(원화)를 출발지국의 통화로 사용한다. 또한 항공권 판매 시 적용운임은 발권일 당시의 운임이 아닌 국제선 여행 개시일에 유효한 운임을 적용하여 계산한다.

(4) 탑승용 쿠폰의 사용 순서
모든 탑승용 쿠폰(Flight Coupon)은 반드시 순서대로 사용되어져야 하며,

탑승을 위하여 탑승용 쿠폰을 제출 시에는 잔여구간의 탑승용 쿠폰 및 승객용 쿠폰을 동시에 제시하여야 한다.

4) 항공권의 주요기재사항

(1) 항공권의 좌석등급

항공권의 좌석등급에 있어서 운임에 따른 예약상의 좌석등급(Booking Class) 및 기내 서비스상의 등급으로 구분하며, 구체적으로 살펴보면 다음과 같다.

  가. 기내 서비스 상 등급

    ① F: First Class(일등석)

    ② C: Business Class(상용 우대석)

    ③ Y: Economy Class(보통석, 일반석)

  나. 예약상의 좌석등급(Booking Class)

    ① First Class Category(일등석 범주)

      R(Supersonic)

      P(First Class Premium)

      F(First Class)

    ② Business Class Category(상용 우대석 범주)

      J(Business Class Premium)

      C(Business Class)

    ③ Economy Class Category(보통석, 일반석 범주)

      Y(Economy Class / Normal)

      M(Economy Class / Promotional)

      K(Economy Class / Excursion)

      G(Economy Class / Group)

(2) 무료위탁 수하물 허용량

항공권 상에 있어서 '무료위탁 수하물 허용량'(Free Baggage Allowance)은 크게 'Weight System'(중량제)와 "Piece System"(갯수제)의 2가지로 나눌 수가 있는데, 이를 비교하면 아래 표와 같다.

〈표 1-11〉 무료 위탁 수하물 허용량의 비교

구분 / 제도	중량제(Weight System)	갯수제(Piece System)
기 준	• 수하물 무게(Weight)	• 수하물 개수(Piece)
적용노선	• 한·일, 동남아, 구주, 중동, 대양주등	• 미국, 캐나다, 중남미 등
허용량	• 일등석: 40Kg • 상용우대석: 30Kg • 보통석: 20Kg	• 2Piece • 각 Piece의 무게는 32Kg이내 • 각 Piece의 3면의 합은 158cm이내 (단, 보통석은 2Piece의 합이 273cm이내)
기 타	• 소아(CH): 성인과 동일 • 유아(IN): 허용량 없음	• 소아: 성인과 동일 • 유아: 3면의 합이 115cm이내인 1개 +접을 수 있는 유모차 1개

※ 선원은 'Weight System'에 있어서 보통석 항공권을 소지하였다 하더라도 일등석에 준하는 대우를 받는다. 또한 국내선 승객은 1인당 15Kg을 적용받는다.
무료휴대 수하물 허용량은 3면의 합이 115cm 이내인 가방 1개만 해당되며, 기내 선반에 올려놓거나 승객좌석 아래 놓을 수 있는 물품이어야 한다. 참고적으로 IATA(국제항공운송협회)규정에 따라 무료휴대품으로 구성되는 품목은 다음과 같다.
 ① 핸드백, 지갑, 외투, 담요, 우산, 지팡이
 ② 소형 카메라, 쌍안경, 적당량의 독서물
 ③ 기내용 유아식, 요람, 환자승객용 휠체어 및 목발(접을 수 있는 것)

상기의 품목들은 무료수하물 허용량에 관계없이 휴대수하물로서 운송될 수 있다.
동일항공권, 동일목적지 및 동일단체로 여행하는 2인 이상의 승객이 동시에 탑승수속을 할 때에는 각 개인의 무료수하물 허용량의 합계를 단체 승객 전원에 대한 허용량으로 간주하는데, 이를 "Baggage Pooling"(무료수하물의 합산)이라고 한다.

3. 항공권의 읽기

항공 업무에 있어서 가장 기초적으로 기본적이라 할 수 있는 것이 바로 항공권 읽기이다. 항공권의 읽기란 쉽게 표현하여 항공권을 보고 정확하게 그것을 이해하는 것이라 말할 수 있다. 따라서 이에 대한 근본적인 이해 없이 전반적인 항공 업무에 대하여 파악한다는 것은 무의미하다고 볼 수 있다.

1) 승객성명(Passenger Name)의 기재

일반적으로 승객의 성명란에 있어서는 성(Surname)을 먼저 기재하고, 다음에 사선을 긋고 이름(Given Name)을 기재한다. 마지막에 호칭(Title)이 붙는다. 때때로 성 다음의 사선이나 마지막의 호칭을 생략하는 항공사도 있다.

① 승객의 성명은 여권상의 영문이름과 동일하여야 한다.

② 항공권은 본인만이 사용할 수 있고, 타인에게 양도가 불가능하다.

③ 호칭에는 MR, MS, MRS, DR, REV(성직자), PROF(교수) 등을 주로 사용하고 있다.

〈표 1-12〉 승객 타이틀

MR	12세 이상 남자	MRS	기혼 여성	MS	미혼 여성
MSTR	12세 미만 남자	MISS	12세 미만 여자	PROF	교수
CAPT	기장, 선장	DR	의사	REV	목사, 신부

2) 승객여정(Passenger Itinerary)의 기재

승객의 여정은 아래 "Good For Passenger From"난에 기재되는데, 전산 항공권의 경우는 도시명의 왼쪽에 도시 및 항공(한 도시에 공항이 2개 이상일 경우)의 "세 자리코드"(Three Code)가 함께 기재된다. 그러나 일본항공권의 경우에는 주로 한 도시에 공항이 2개 이상일 때에만 도시명 뒤에 사선을 긋고 공항의 세 자리 코드를 기재한다.

3) 항공사(Carrier) 및 항공편(Flight)의 기재

항공사의 기재는 항공사의 두 자리 코드(Two Code)로 표기된다. 따라서 주요항공사들의 Two Code는 반드시 알아두어야 한다. 일반적으로 3자리의 숫자로 표기되고 있는데, 특별기 등은 4자리의 숫자로 표시경우가 많다.

4) 좌석등급(Class)의 기재

좌석등급의 기재는 예약시의 등급(Booking Class)이 일반적으로 표기되는데, 주로 사용되는 등급의 종류는 다음과 같다.

① 일등석(First Class): F, P
② 상용 우대석(Business Class): C, J
③ 보통석(Economy Class): Y, K, M, G등

5) 출발일자(Date)의 기재

출발일자는 일(日) 및 월(月)의 순으로 기재되며, 또한 월은 영문약자(Three Letter)로 표기된다.
예) 05 MAR, 07 NOV

6) 출발시간(Time)의 기재

항공권상의 시간표시는 시(侍)와 분(分)의 각각 두 자리 숫자로 기재되며, 시간표기는 현지시간(Local Time)이 기준이다. 유의할 사항은 항공권에는 출발시만 기재되고, 도착시간은 기재되지 않는다.

예) 0812 또는 725A, 1500 또는 12N

7) 예약상태(Status)의 기재

예약상태의 기재는 두 자리의 영문자코드로 표기되는데, 주로 사용되는 예약상태에 대한 코드는 다음과 같다.

① OK: 예약이 확약된 상태(Space Confirmed)

② RQ(Request): 만석으로 확약되지 못하고 대기자 명단에 예약되어 예약요청의 상태

③ WT(Waiting): 예약대기의 상태

④ NS(No Seat): 예약은 하고 좌석은 제공받지 않은 상태이며, 유아가 해당된다.

⑤ SA(Seat Available): 무임 또는 할인운임을 지불한 항공권에 대하여 해당 운임의 규정이 사정 예약을 금지하는 경우이다. 이 경우 여객은 좌석예약을 하지 못하며 공항에 나가 대기한 후에 유상여객이 탑승한 후 여분의 좌석이 있을 때 탑승이 가능하다. 무임 또는 할인운임을 지불한 여객에게 사전 예약을 허가하여 발행된 항공권을 NOSUB(Not Subject ti Load) 항공권이라 하는데, 사전예약을 금지하여 발행된 항공권을 SUBLO(Subject to Load) 항공권이라 부른다.

8) 운임기준(Fare Basis)의 기재

운임기준은 여러 가지 합성된 코드로 구성되며 세부적인 것은 운임 및 여객형태의 코드와 단체코드를 참고하여 판독한다.

① 기본코드(Prime Code): 항공좌석 등급-F, C, Y 등

② 계절코드(Seasonal Code): 성*비수기 등 구분-H(Hight Season), L(Low Season)등

③ 운임형태 코드(Fare Type Code): 적용된 운임형태-EF(Excursion Fare), AP(Advance Purchase Fare)등

④ 유효기간(Validity of Period): 출발일 기준-1M(1Month), 참고적으로 단체코드인 GV(Group Inclusive Tour) 등의 뒤에는 최소단체 구성인원이 표기된다. 이와 함께 승객형태 코드인 CH(Child)등의 뒤에는 일반적으로 할인율이 표기된다.

가. 운임형태의 코드(Fare Type Code)

① AP: Advance Purchase Fare(선불구입운임)

② AS: Advance Super Saver Purchase Fare(선불 초 절약운임)

③ BD: Budget Discounted Fare(저가할인운임)

④ EE: Excursion Fare(주유운임)

⑤ IT: Inclusive Tour Fare(포괄여행운임)

⑥ PX: PEX Fare(아펙스운임)

⑦ RW: Round the World Fare(세계일주운임)

※ 일반적으로 항공권 유효기간이 1년 이내로 제한될 때에는 상기코드의 뒤에 그 유효기간을 표기한다.

나. 여객형태의 코드(Passenger Type Coded)

① AD: Agent Discount(대리점 직원할인)

② CG: Conductor of Group(단체인솔자)

③ CH: Child(소아)

④ EM: Emigrant(이민)

⑤ ID: Identity Discount(항공사 직원할인)

⑥ IN: Infant(유아)

⑦ SC: Ship's Crew(선원)

⑧ SD: Student(학생)

⑨ UM: Unaccompanied Minor(비동반 소아)

※ 일반적으로 상기코드 뒤에는 해당항공권에 적용된 할인율을 표기한다.
다. 단체코드(Group Code)
① GV: Group Inclusive Tour(단체 포괄여행)
② GS: Group Ship's Crew(단체 선원)

※ 일반적으로 상기코드의 뒤에는 최소단체 구성인원의 수를 표기하고 있다.

9) 최소체재 및 최대 체재 허용기간(Not Valid Before)의 기재

최소체재 의무 및 허용기간은 (Minimum Stay)은 항공권의 출발일자에 명시된 기간이며 의무기간 및 허용기간을 초과하거나 축소할 수 없다. 기준연도는 항공권 발급일자(Date of Issue)의 난에 기재되어 있다.

10) 무료수하물 허용량(Allow)의 기재

무료수하물 허용량(Free Baggage Allowance)은 일반적으로 중량제(Weight System)와 갯수제(Piece System)로 나누어진다. 일반적으로 중량제는 미주관련 구간을 제외한 지역에서 사용되며, 주로 이코노미 클래스는 20Kg까지, 비즈니스 클래스는 30Kg까지, 퍼스트 클래스는 40Kg까지 허용된다. 또한 갯수제는 미주과련 구간의 지역에서 사용되며, 주로 2Piece(2개의 짐)가 허용된다.

11) 항공운임(Fare) 및 공항세(TAX)의 기재

항공운임은 IATA(국제항공운송협회)에서 공시하는 정상운임으로 기재되는데, 출발지국의 통화로 표기된다. 한국의 출발통화는 KRW(원)으로 표시된다.

공항세는 해당국가의 출입관련 세금으로 공항시설이 이용료는 불포함이다. 합계 (Total)는 항공운임(Fare)과 공항세(Tax)의 합계 금액이 기재된다.

12) 운임계산(Fare Calculation)의 기재

운임계산(Fare Calculation)의 난에는 항공권의 운임계산에 대한 내역이 기재되어 있다. 이것은 향후 항공사의 정산 시에 참조된다.

13) 지불형태(Form of Payment)의 기재

항공권상의 지불형태는 현금(Cash)과 신용카드(Credit Card) 두 가지로 구분한다. 현금일 경우는 'CASH'로 표기하면 되며 뒤이은 표기는 지불장소로 일반적인 경우 항공 대리점이다. 또한 신용카드의 경우에는 신용카드의 종류 및 번호, 유효기간 등을 반드시 항공권상에 기재하여야 한다. 따라서 항공권을 신용카드로 발권할 때는 미리 상기에 대한 사항을 여객으로부터 받아 해당카드사의 승인을 얻어야 한다.

14) 이서(Endorsements) 및 제한사항(Restrictions)의 기재

이서 및 제한사항의 기재는 3가지가 주로 표기되고 있다. 제한사항(Restrictions)의 기재 3가지는 다음과 같다.
① NON-END(Non-Endorsable): 다른 항공사로 바꿀 수 없는
② NON-RER(Non-Reroutable): 다른 여정으로 바꿀 수 없는
③ NON-REF(Non-Refundable): 환불할 수 없는

15) 항공권번호(Ticket No.)의 기재

항공권의 번호는 크게 다음의 4가지 형태로 구성되어 있다.

① 항공권 쿠폰(Coupon)의 번호: 1~4까지 있음
② 항공사 코드: KE(180),OZ(988), CA(999)등
③ 항공권 일련번호(Form and Serial Number): 주로 10자리의 숫자로 구성
④ 시스템 확인(Check): 주로 한 자리의 숫자로 표기

16) 연결항공권(Conjunction Tickets)의 기재

연결항공권의 기재는 1매 이상의 항공권이 연결되어 발행되는 경우에 이루어지는데, 항공권의 끝자리 번호 4개는 되어 있다.

17) 항공권 발권일자(Date of Issue)의 기재

항공권 발권일자는 일*월*년의 순으로 기재된다. 표기는 일(日)과 년(年)은 두 자리의 숫자로, 월(月)은 영문약자로 표기한다.

18) 출발지 및 목적지(Origin / Destination)의 기재

출발지 및 목적지의 기재는 도시코드(City Code)의 세 자리 여문자로 표기되며, 슬래시 앞의 도시가 최초 출발지이며, 슬래시 뒤의 도시가 최종목적지이다. 또한 뒤에는 4자리 영문코드가 기재되는데, 이것을 항공권의 국제 판매지표(International Sales Indicator)이라고 한다.

※ 국제 판매 지표(International Sales Indicator)란?
일반적으로 항공권은 출발국가에서 판매 발권된다. 그러나 항공운임 지불자의 사정에 따라 첫 출발지국 외의 국가에서 판매 및 발권이 이루어지는 경우가 있다. 이러한 경우 다른 운임이 적용될 수 있기 때문에 정확한 운임산출을 위하여

판매 및 발권지와 출발지국의 상관관계를 지표화 하는 것이 필요한데 이를 항공권 판매지표라 한다.

19) 항공자료(Airline Date)의 기재

항공자료의 기재는 영문알파벳과 숫자를 병용하여 5자리 내지 6자리를 사용하는 경우와 집이나 회사의 전화번호를 사용하는 경우가 있다. 항공자료는 과거에 예약참조(Booking Reference)라는 용어로써 사용되었으며, 승객의 예약기록이 저장된 PNR(Passenger Name Record)의 예약번호(Address)를 말한다.

20) 항공권의 발행일 및 발행 장소(Date and Place of Issue)의 기재

항공권 발권일자(Date of Issue) 및 발행 장소가 기재되어 있으며 최근 경향은 발권 일자란이 독립되어 있어 '항공권의 발행일 및 발행 장소'와 난에는 항공권의 발행일이 기재되지 않고, 주로 발행 장소만 기재되는 경우가 많다.

21) 도중체재(Stop Over)여부의 기재

도중체재의 여부는 'X / O'난에 기재한다. 도시명 앞에 X의 표시가 되어 있으면, 그 도시에서는 도중체재가 되지 않는다. 반대로 'O'의 표시는 도중체재가 된다는 표시지만, 일반적으로 많이 생략하고 있다.

22) 여행코드(Tour Code)의 기재

여행코드의 난에는 일반적으로 포괄단체여행(GV: Group Inclusive Tour)의 운임을 적용할 때 부여되는 승인번호가 기재되며 항공사마다 차이가 있다. 특별운임에 대한 Authorization(승인)을 받았을 경우에 그 승인번호도 기재된다.

예를 들어 운임기준(Fare Basis)의 난에 표기된 GV8은 최소단체인원 8명의 단체운임에 대한 적용을 의미한다.

23) VOID의 기재

항공권상의 탑승용 쿠폰(Flight Coupon)에 있어서 쓰지 않는 구간이나, 항공이 아닌 타운송기관으로 이동하는 구간은 반드시 VOID(무효)로 기재해 주어야 한다. 만일 이를 기대하지 않을 경우에는 항공권 소지자가 그 구간을 그대로 사용할 수 있기 때문이다.

24) OPEN의 기재

항공권상에 있어서 "OPEN"은 사전적인 의미대로 "제한을 갖지 않는" 또는 "자유로운" 상태를 뜻한다. 이 "OPEN"은 크게 3가지의 형태로 나누어 질수 있는데, 다음과 같다.
① 항공사(Carrier)의 OPEN: 어느 항공사든지 이용이 가능
② 출발일(Date)의 OPEN: 어느 날짜든지 이용이 가능
③ 항공사(Carrier)와 출발일(Date)이 함께 OPEN: 항공사 및 날짜에 상관없이 이용이 가능

25) 소아항공권(CHD)의 기재

항공권의 "Fare Basis"의 난에 예를 들어 "CH33"으로 기재되어 있다면 "CH"는 "Child"(소아)의 약자코드이고, 뒤의 "33"은 운임에 대한 할인율을 의미한다. 즉 이항공권의 소지자는 소아로서, 성인운임(Adult Fare)의 67%를 적용받고 있다.

26) 유아항공권(INF)의 기재

항공권의 "Fare Basis"의 난에 예를 들어 "IN90"으로 기재되어 있다면 "IN" 은 "Infant"(유아)의 약자코드이고, 뒤의 "90"은 마찬가지로 운임에 대한 할인율 을 의미한다. 즉 이 항공권의 소지자는 유아로서 성인정상요금(Adult Normal Fare)의 10%를 적용 받고 있다.

27) 학생항공권(SD)의 기재

항공권의 "Fare Basis"의 난에 예를 들어 "YSD25"로 기재되어 있다면 "Y" 는 "Economy Class"(일반석)를 의미하고, 뒤의 "SD"는 "Student"(학생)의 약자코드이며 마지막의 "25"는 운임에 대한 할인율을 뜻한다. 즉 상기항공권의 소지자는 학생이며, 좌석등급은 일반석으로 성인운임의 75%를 적용받고 있다.

제2장 TOPAS(토파스) 실무실습

1. TOPAS 예약시스템

1) TOPAS 예약시스템의 탄생

국내에 처음 CRS가 등장한 것은 1975년 대한항공이 사내업무 전산화를 위해 KALCOS I이라는 이름으로 시작된 한국고유의 CRS이다. 이후 KALCOS I 은 성능이 개선되어 KALCOS II로 개발되었으며 84년에는 최초로 여행사에도 보급되기 시작했다. 1980년대 중반에 들어가면서부터 한국 항공시장의 확대에 따라 미국은 한국의 항공시장 및 CRS 시장 개방을 강력하게 요구하기 시작하였으며 이에 효과적으로 대응하기 위하여 1987년 11월에 KOTIS라는 독립회사를 설립. 대한항공으로부터 KALCOS 및 11개 항공사가 연결된 MARS (Multi Access Reservation System)을 개발 운영하며 독립한 중개시스템으로 CRS의 모습을 갖춘 순수 한국 CRS로 한국지역 시장의 특성에 맞춘 서비스를 제공해오고 있다.

또한 1990년 호텔예약시스템인 SHAHARA서비스를 시작한 TOPAS는 1991

년 한국형 단말장비인 PBT(PC Based Terminal)-I을 최초로 선보였으며 1992년 한진정보통신으로 새로운 출발을 하며 CRS로서의 중립화를 선언하여 TOPAS시스템 기능의 중립성과 함께 CRS운영 사업자로서의 중립성까지 동시에 표방하게 되었다.

1992년에는 진보한 단말기 시스템인 PBT-II를 개발하였고 1993년에는 렌터카 예약시스템의 개시와 함께 보다 진보된 정보통신으로서의 CRS를 추구하기 위하여 현재의 PBT-WIN과 여행사 Back Office 지원프로그램인 Value Office를 출시하였다.

현재는 AVS레벨 이상으로 TOPAS에 가입한 항공사는 총 85개사이며 유럽지역 연합 CRS인 AMADEUS와 전략적 제휴관계를 유지하고 있다.

2) TOPAS의 기능 및 전망

(1) 예약기능

가. 스케줄 및 항공좌석상황 조회

국내선 스케줄은 물론, 전 세계 650여 항공사의 정기편 스케줄을 보유하고 있으며, 200여만 개의 발착지점 조합 및 좌석상황 검색기능도 함께 갖추고 있다. 연결편에 대해서는 최대 4개까지의 연결편 스케줄 자동구성 기능이 있다.

나. 항공사 시스템과 직접 연결

TOPAS를 통해 여러 항공사의 컴퓨터 예약망에 온라인으로 접속하여 각 항공사의 좌석의 실제 상황을 확인하고 직접예약이 가능한 획기적인 기능을 통해 전 세계 주요항공사와 직접연결에 의한 예약을 실시하고 있다.

다. OAG(Offcial Airline Guide) 스케줄 데이터 보유

TOPAS는 OAG에 기재되어 있는 스케줄 작성에 필요한 최신 정보를 보유하고 있으므로 여정작성에 있어 다른 자료를 조회할 필요가 없어졌다.

라. 호텔예약

TOPAS에 연결되어 있는 사하라(SAHARA) 호텔예약시스템을 이용하여 전

세계 1만 여개 호텔정보 및 객실현황을 알 수 있으며, 즉시 예약하고 예약확인
증도 발급 받을 수 있다. 특히 한국인이 선호하는 국내외 호텔을 별도로 관리하
고 있으며, KEY-PAD를 이용하여 해당 호텔의 약도나 전경도 볼 수 있다.

마. 렌터카 예약

세계 최대의 렌터카 회사인 Hertz 및 SITA의 렌터카 시스템과 직접 연결하
여 스케줄 조회 및 예약을 할 수 있다.

바. 투어예약

국내 대형 여행사의 여행상품을 TOPAS에 구축하여 여행상품을 검색, 예약
할 수 있다.

(2) 자동운임 계산 및 자동발권

가. 자동운임계산

예약기록상의 여정 또는 임의의 여정에 대해서 최대 32개 구간까지 자동운임
계산이 가능하며, APEX 등 특별운임을 포함한 50만개의 구간, 미국 국내선
운임을 포함한 3,500만개 운임의 최신 데이터를 TOPAS 내에 보유하고 있다.
특히 한국지역에서 사용빈도가 가장 높은 한국 발착 운임계산에 있어서는 그 신
뢰성 및 효율성 면에서 우수한 시스템이다.

나. 자동발권

한 번의 키조작으로 간단히 국제선 항공권을 발권할 수 있다. 대한항공 항공
권은 물론 BSP 중립 항공권의 발권도 간단히 처리할 수 있다. 국내선의 경우
탑승권 겸용항공권이 자동 발권되어 업무처리가 더욱 간편해졌으며, 공항에서도
마치 시내 전철을 이용하는 경우와 마찬가지로 아주 간편하고 신속하게 좌석 배
정 및 탑승을 할 수 있게 되어 고객의 편리증진에 크게 기여하게 되었다.

다. 한글여행정보 제공

TOPAS는 항공예약시스템으로서는 가히 혁신적인 기술개발로 한글처리가 가
능한 신단말장비 586급 PC를 사용하여 다양한 최신 여행정보를 한글로 제공함
에 따라 점검 개성화, 다양화해 가는 고객의 요구에 부응하고 있다.

① 한글여행정보 데이터베이스 내용
- TOPAS 게시판
- TOPAS 가입항공사의 최신정보 안내
- 해외 여행정보: 국가정보, 주요 도시정보 및 여행정보, 비자정보, 공항정보 등
- 국내 여행정보: 국립 / 도립공원, 숙박시설 등 16개 항목으로 구성하여 국 내 8개 지역별 분류
- 항공운임 정보 및 스페셜 이벤트
- TOPAS 조작 요령

② 전자메일(E-MAIL)기능

전자메일 기능을 이용하여 TOPAS 단말기 사이의 정보교환이 가능하며 여행 사의 본사 / 영업소간 LAN구출 등 다양한 서비스를 제공한다.

라. 영문 여행정보 제공

다양한 해외정보를 영문으로 조회 / 검색할 수 있게 되어 외국인에게 정확하고 신속한 영문여행정보를 제공하게 됨으로써 외국인 고객에 대한 서비스를 향상시 키는 데 기여한다.

마. 여행사 업무 지원

TOPAS는 예약, 발권업무 이외에 여행사의 고객관리업무 및 기타 사무자동 화를 이룩하였고, 향후 여행사 업무의 효율성 및 정확성을 위해 꾸준히 여행사 업무 지원 기능을 개발 보급하고 있다.
- 고객 정보시스템: 대당 5,000명분의 고객 정보수록, 서비스 제공 및 업무 간소화
- 예약자료 FAX 전송기능: 고객의 예약과 관련된 여정표는 TOPAS를 통 해 고객에게 바로 전송
- 상용고객 우대제도(FTBS: Frequent Traveller System) 서비스: 상 용고객 우대 제도의 회원의 신규등록 및 탑승기록 조회와 인쇄기능
- 여권발급 신청서, TIMATIC, 거래처 관리 및 발권실적서 등 각종 보고 서 지원

2) TOPAS 전망

현재 TOPAS에는 600여개 세계 주요 항공사가 가입되어 있으며, 3,000여개 여행사에 약 7,400여대의 단말기가 전국적으로 보급되어 있다. TOPAS 여행정보가 현재 국내 항공예약 시장에서 차지하는 비중은 70%, 국내에서 해외로 여행하는 여행객 10명 중 7명은 항공사나 여행사의 TOPAS를 통해 항공권을 예약하고 있다.

또한 항공예약과 발권 외에도 팩스전송기능, E-Mail 서비스 등 다양한 부대기능을 기본사양으로 지원하고 있으며, 여행사에서의 항공권신청부터 APSR, 미수금과 환불처리, 예약카드 작성, BSP 제출서류 및 회계 관리까지 모든 업무를 한 자리에서 처리해 주는 Back Office System인 Value Office도 제공하고 있다. TOPAS는 Multi Media 환경에도 효과적으로 대응하기 위하여 TOPAS 홈페이지를 통하여 각종 여행사 업무를 지원하고 있으며, 대한항공을 포함한 9개의 항공사 홈페이지, 290여개 여행사 홈페이지 및 10여개의 포탈 사이트에 공급 중에 있다. 또한 인터넷이 가능한 곳이라면 세계 어느 곳에서도 이용할 수 있는 브라우저를 이용한 단말기 기능을 공급하고 있다.

〈그림 2-1〉 TOPAS 홈페이지

3) TOPAS 웹 터미널

TOPAS 웹 터미널은 인터넷 기반에서 TOPAS를 사용할 수 있도록 개발한 시스템으로 인터넷 환경이 가능한 곳이라면 어디에서 항공예약 작업이 가능하다. 웹 터미널과 같이 인터넷을 활용한 항공예약시스템이 개발되어 여행사 측면에서는 단말기를 항공사로부터 임대하여 항공사 카운터직원에게만 부여하였던 것이 비용과 공간, 그리고 부가기능 활용이 늘어남에 따라 여행사 직원들이 전용단말기에 다운만 받고 사용할 수 있는 시대에 도래된 것이다. 따라서 전용 단말기에 TOPAS와 관련된 프로그램을 다운받고 로그인 번호를 부여받은 다음에는 손쉽게 항공예약을 할 수 있다. 특히 여행사 직원들은 하나의 PC를 이용하여 OP업무뿐만 아니라 항공예약 업무 두 가지 용도로 활용할 수 있어 공간 활용에 유리하며, 인터넷 환경에서의 다양한 기능 또한 강점이 되었다. 또한 TOPAS는 대학 등 교육기관에서도 웹 터미널을 교육용으로 사용할 경우 소정의 절차를 걸쳐 학생들에게 교육을 할 수 있도록 하고 있다.

제2절
웹 터미널 TOPAS 실무실습

1. 웹 터미널의 TOPAS 시작과 종료

먼저 TOPAS 여행사용 웹사이트 Http://www.topas.net에 접속한다.

<그림 2-2> TOPAS 홈페이지 여행사용 웹 사이트

위의 화면이 나오면 로그인 화면이 나오면 자신이 부여받은 Password와 Q-number를 입력하고 확인을 누른다. Password는 관리자로 등록된 회원의 경우 회원가입 시 지정한 Password이고, 관리자에 의해서 권한 부여된 사용자인 경우 관리자가 지정한 Password이다. Q-number는 TOPAS사로부터 사용약정 후 지정받은 것이다.

1) 초기화면

(1) 화면상의 기본 표시

〈그림 2-3〉 TOPAS 초기화면

토 파 스 초 기 화 면
LOGI COMPLETED
▶■

웹터미널에 로그인을 하면 웹부킹 작업을 위한 초기화면 Logi Completed라 나타난다. 화면에는 ▶(SOM: Start of Message)와 ■(Cirsor)가 나타나는데 명령어를 입력받을 준비가 되어 있음을 표시하는 것이다. 만약 SOM(▶)이 화면에 없다면 어떠한 지시어를 넣어도 응답을 얻을 수 없다.

① ▶: SOM(Start of Message)

지시어(Entry)의 시작위치를 명시해 주며, 단말기종에 따라 〉나 +로 표시되기도 한다. SOM이 현재의 화면상에 없으면 지시어에 대한 응답을 얻을 수 없으므로 이때는 Esc 키나 화면 Clear Toolbar를 클릭하여 SOM 부호를 생성시켜야 한다.

② ■: Cursor

지시어의 각 글자가 Type될 위치를 알려주며 한 자씩 입력할 때마다 뒤로 이동한다. Cursor는 ■ Type(삽입기능)과 _Type(겹침기능)이 있다.

③ Ctrl: Enter Key 역할

지시어(Enter)를 Main Computer로 보내어 작업을 수행시키는 역할을 하며, 컴퓨터에서 Enter Key 역할을 담당한다.

④ ALT+1

화면 밑의 키패드에 대한 설명이 안내된다.

⑤ ALT+2

화면전체를 넓게 사용(총 4개의 창으로 나누어짐: 긴 예약기록을 조회할 때 편리하다.

⑥ ALT+3

화면을 2개의 창으로 나누어서 조회: 화면이 두 개로 분리된다. (총 4개의 창으로 나누어짐): 두 가지 예약기록, 스케줄 등을 서로 비교할 때 편리하다.

⑦ RESET

솜과 커서 사이의 모든 글자를 지우며 커서가 다시 솜의 바로 뒤로 이동하여 새로운 지시어를 입력할 수 있게 한다.

⑧ CLEAR

리셋키와 같은 역할을 하는데, 리셋키는 현재의 솜 뒤에 커서를 이동시키지만, 클리어 키는 화면전체를 지우고 솜과 커서를 화면의 상단으로 이동시킨다.

(2) 지시어와 함께 쓰는 부호들

〈표 2-1〉 웹터미널에서 쓰이는 지시어

부 호	명 칭	주 기 능
*	Asterisk	예약기록을 화면상에 Display, 조회 정리기능
@	Lozenge	입력된 내용의 삭제 또는 수정
/	Slash	다른 내용의 Item 분류 기능, Insert
−	Hyphen	From~To 또는 이름 입력 지시어
:	Pipe	여러 개의 지시어 연결(And The Item)

※ 현재 *는 〔key로 @는〕Key로 맞춰져 있어 자판상에서 간편하게 사용가능

(3) 스크롤 키

① MD: Move Down (화면에 나타난 내용 이후 부분을 볼 때)

② MB: Move Bottom (화면에 나타난 내용의 마지막 부분을 볼 때)

③ MU: Move Up (현재 화면 내용의 앞부분을 보려고 할 때)

④ MT: Move Top (현재 화면 내용의 제일 첫 부분을 볼 때)

2. Sine In과 Sine Out 실무실습

CRT를 사용하는 사람들에게는 고유의 등록된 Sine In이 주어진다. 왜냐하면 CRT를 사용하는 사람들은 업무상 문제를 가지고 있는 경우가 있을 때 본인이 한 작업에 대한 확인 및 책임을 부여할 수 있도록 Sine 제도를 채택하였다. 따라서 Sine In을 부여받은 사람은 CRT를 사용할 때마다 자신의 Sine In을 입력하여야 작업을 할 수 있으며 작업한 모든 예약기록은 자신이 Sine In을 넣은 작업장에 남게 된다. 작업장은 A.B.C.D.E 5개가 있으며 작업을 하는 직원들은 동시에 5개의 작업장을 모두 다 사용할 수 있다.

1) Sine In 구성

〈표 2-2〉 Sine In의 구성

번호	명칭	기 능
①	BSI	사인을 넣는 기본 지시어로 BEGINNING SINE IN의 약자이다.
②	A	사인이 들어 갈 작업장으로 A 작업장 대신에 B, C, D, E, 등을 사용할 수 있다.
③	0008	사인번호이며 각각의 직원에게 주어지는 고유의 비밀번호이며 패스워드의 역할을 한다.
④	R8	조회코드이며 사인번호와 마찬가지로 가각의 직원에게 주어지며 각 직원이 취한 조치와 함께 예약기록에 남아 참고의 역할을 한다.
⑤	/	구분자 표시
⑥	GS	직무코드이며 일반 대리점 직원용, 코드를 사용하는 사람은 자기 작업장에 사용한 것만 찾아볼 수 있다.

```
LOGI COMPLETED

▶BSI A 0008  R8  / GS
   ①  ②   ③    ④   ⑤⑥
```

```
▶BSIA0008R8 / GS↵
A-SINED IN / GS

          !!!안녕하세요. TOPAS입니다!!!

1. 이제 항공사 소식하면 WWW.TOPAS.NET을 기억하세요. 이곳에 들어오시면, 개별항공사의
HOME PAGE에 접속할 필요없이 모든 항공사 소식을 쉽고 간단하게 얻으실 수 있습니다. 지금
바로 클릭하세요(HTTP: //WWW.TOPASWEB.COM)
2. 터키항공(사)의 4월1일－6월22일 사이 ICN-IST-ICN 및 ICN-KIX-IST-
KIX-ICN 스케줄이 현재 Display되고 있지 않습니다. 당분간 시스템 상에서 스케줄 조회 및 예
약 시 아래를 참조해 주시기 바랍니다.

ICN-IST      TK 14: 40-20: 40                          MONDAY
ICN-KIX-IST  TK 44-45 10: 45-12: 10 / 13: 30-20: 40   SATURDAY
```

2) 작업장의 확인

CRT는 A. B. C. D. E 다섯 개의 작업장으로 구성되어 있다. Sine In이 들어있는지의 유무를 확인하기 위해서 BM 명령어를 삽입한다.

(1) BM

〈표 2-3〉 작업장의 확인

창	번호	해 설
A-IN USE ▶BM↵ ①	①	작업장의 확인 명령어
A-IN USE ▶BM↵	②	사인은 들어 있으나 현재 사용하지 않는 작업장
A-OUT B-IN C-UNUSED ② ③ ④	③	사인이 들어가 있으며, 현재 사용 중인 작업장
▶	④	사인이 들어가 있지 않은 작업장

(2) BM *

A. B. C 등 여러 작업장에 사인을 넣고 한 작업장에서 예약기록을 작성하다가 자료화하지 않고 작업장을 바꾸어 작업하고 있는 경우에 어느 작업장에서 작업하고 있었는지 확인하는 지시어로 작업 중인 작업장 뒤에 *가 뜬다.

```
         BM*↵
```

BM 응답화면
LOGI COMPLETED

▶BM*↵

TERMINAL ① FC6605 CRS LIVE SYSTEM

	CRT		LOG	RES0		
			SINE	DUTY	CITY	A/L
	AREA		CODE	CODE	CODE	CODE MODE(S)
	A		R8	GS	ZR8	KE
ACTIVE	B	*	R8	GS	ZR8	KE
	C	③	UNUSED ⑤	⑥	⑦	
	D		UNUSED			
	E		UNUSED			
▶	②		④			

① FC 6605: CRT의 고유주소

② 작업장: A. B. C. D. E.의 작업장을 나타내며 현재 작업 중인 ACTIVE 로 표시

③ *: 작업이 완료되지 않는 예약기록이 남아있는 작업장 표시

④ SINE CODE: 대리점 조회코드

⑤ DUTY CODE: 각 직원이 수행하는 업무의 성격에 따라 부여되는 코드

⑥ CITY CODE: 시스템 상에 설정해 놓은 가상 도시로 개별 여행대리점에 부여하는 도시코드

⑦ A/L CODE: 항공사 코드

3) 새로운 작업장의 변경

A. B. C. D. E. 5개의 작업장 중에서 A 작업장에만 Sine In을 넣은 후에 예약기록을 자성하다가 다른 작업장이 필요할 경우에 나머지 4개의 작업장 중 하나에 다시 Sine In을 넣음으로써 새로운 작업장으로 바꾼다.

(1) Sine In이 된 작업장의 변경

A. B. C. D. E.의 5개 작업장 중에서 이미 A. C 작업장에 Sine In이 들어가 있는 경우 A 작업장을 사용하고 있다가 다른 작업장이 필요할 때 Sine In이 들어가 있는 C 작업장으로 이동해야 할 때 작업장을 변경하는 지시어는 아래 예제와 같다.

※ 응답화면: 새로운 작업장 및 사인 안 된 작업장의 변경

새로운 작업장의 변경	사인 인(Sine In)이 된 작업장의 변경
▶BM↵ A-OUT B-OUT ▶BSIC0008R8 / GS↵	▶BM↵ A-IN B-UNUSED C-OUT ▶BC↵
C-SINED IN / GS AGT INFORMATION !!! 안녕하세요	C-IN R8 GS NO NAMES NO ITIN NO DATA ▶

4) 작업장 Sing Out

(1) 개별 작업장의 Sing Out

Sine In이 들어가 있는 각 작업장의 사인을 빼려고 하면 해당 작업장의 이동한 후에 Sing Out 지시어를 입력해야 한다. 예를 들면 Sine In이 A. B작업장에 들어가 있고 현재 A작업장을 사용하고 있으면서 B작업장의 Sine In을 빼고자 할 경우에는 "BB"지시어로 B작업장으로 이동한 후에 "BSO"지시어로 Sine In을 뺀다.

(2) 전체 작업장의 Sine In을 빼는 방법

여러 개의 작업장에 Sine In을 넣고 놓고 작업을 하다가 모든 작업장의 Sine In을 뺄 경우에는 작업장을 이동할 필요 없이 아무 작업장에서나 "BSX"

지시어를 입력 후 엔터를 치면 된다.

※응답화면: 전체 및 개별 작업장의 빼는 방법

개별 작업장의 사인을 빼는 방법	전체 작업장의 사인을 빼는 방법
▶BM↵ A-OUT B-UNUSED C-IN ▶BSO↵	▶BM↵ A-OUT B-UNUSED C-IN ▶BSX↵
C-SINE OUT ▶	ALL AREAS SIGNED OUT ▶BM↵ A-UNUSED B-UNUSED C-UNUSED ▶

※ 용어해설
BB: 작업 중인 작업장에서 B작업장으로 이동하기 위한 지시어
BSO: 사인 아웃의 지시어로 Beginning Sing Out의 약자

제3절
Decode와 Encode 실무실습

 항공예약시스템 상에서 사용되고 있는 언어는 컴퓨터가 인식할 수 있는 코드를 사용한다. 즉, 명령어를 입력할 때 긴 문장으로 작성한다면 입력하는 데 시간도 많이 걸리고 오타가 일어날 가능성도 높아진다. 그래서 명령어를 가급적 간결하게 만들어 사용하여 전 세계 항공사와 CRS는 업무의 정확성과 신속성을 기하고 있다. 따라서 항공의 예약 및 발권에 필요한 도시, 공항, 항공사, 클래스, 항공기 기종 등과 같은 암호화된 코드가 의미하는 일반적인 언어를 알아보기 기능이 Code로 만들어 쓰고 있으며 일반적으로 언어를 예약시스템이 인식할 수 있도록 암호화된 코드로 바꾸는 것이 Encode 기능이며, 반대로 Code의 의미를 풀어보는 작업이 Decode이며 항공작업 때 상당히 효율적으로 쓰이고 있다.

1. Decode 작업

암호화된 코드가 의미하는 일반적인 언어를 풀어보는 작업 기능이다.

기본지시어 S + 찾고자 하는 코드 C(예: 도시코드) + *
　　　　　　+ 도시명(예: Seoul) ICN

1) 도시(City)코드

지 시 어
▶SC*LAX ↵

C: City의 약자

도시코드 **Decode** 응답화면
LAX LOS ANGELAS. CAS. US. MULTI APTS
GMT-8.00 / FROM 7MAR02　　　-7.00 / FROM 20DEC03 -8.00
LOCAL TIME 1350　　　　　MON 15JAN05
▶

① Los Angeles: 도시 Full Name
② Cas: 해당도시의 주 Code
③ US: 해당도시의 국가 Code
④ Multi Apts: 해당도시에 여러 개의 공항이 있음
⑤ GMT: Greenwich Mean Time(세계표준시), Summer Time 적용
　시기도 표시
⑥ Local Time: 해당도시의 현지시각

2) 공항 (Airport)코드

지 시 어
▶SP*NRT ↵

P: Airport 약자(Airline과
　중복되므로 Port의 P로)

공항코드 **Decode** 응답화면
NRT NARITA AIRPORT OF TYO GMT *9.00 LOCAL TIME 1530   TUE 16DEC03 ▶

3) 주(State)

지 시 어
▶SS*CAS.US ↵

S: State 약자, 국가
  코드도 같이 명시함

주(State) Decode 응답화면
CAS SOUTH CALIFORNIA. US ▶

4) 국가 (Nations)코드

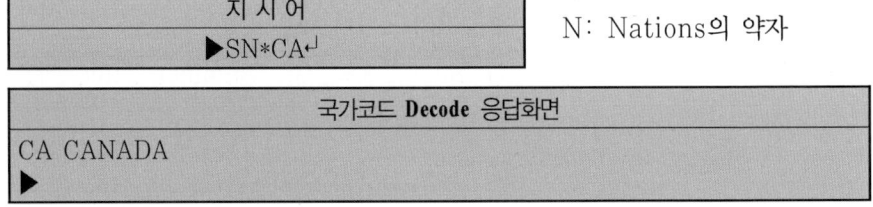

지 시 어
▶SN*CA↵

N: Nations의 약자

국가코드 Decode 응답화면
CA CANADA ▶

5) 항공사(Airline)코드

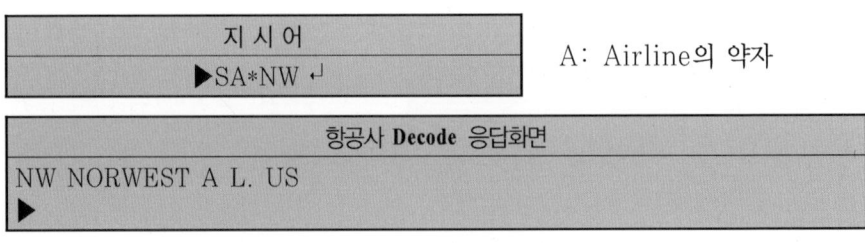

지 시 어
▶SA*NW ↵

A: Airline의 약자

항공사 Decode 응답화면
NW NORWEST A L. US ▶

6) 항공기 기종(Aircraft)코드

지 시 어
▶SE*M11 ↵

E: Equipment의 약자

항공기 기종 Decode 응답화면
M11 MCD MD-11 PRE SSURISED WIDEBODY JET ▶

7) 기타

① 해당도시의 Multi Airport List 조회방법

지 시 어
▶SL*P.NYC ↵

해당도시의 Multi Airport List Decode 응답화면	
P JRE EASTSIXTIETH ST H*NYC	P TSS E THIRTYFOUR ST H *NYC
P JHC GARDEN CITY *NYC	P JFK JOHN F KENNEDY *NYC
P LGA LA GUARDIA *NYC	P EWR NEWARK *NYC
P JRA THIRTIETH ST HELI*NYC	P JWS WALL ST HLPT *NYC
▶	

② 해당도시의 Direct Routings 조회

지 시 어
▶SR*ZRH↵

해당도시의 Direct Routings Decode 응답화면					
DIRECT ROUTINGS INTO Z고 ZURICH.CH					
FROM INF / DOM	APPROX		AVG	FLTS	NON-STOP
SERVICE	DISTANCE	KMS	PER	WEEK	SERVICE
SEL INT	8770			3	YES
TYO INT	9578			10	YES
LAX INT	9534			14	YES
HKG INT	9300			5	YES
NYC INT	6320			47	YES
PAR INT	487			143	YES
BKK INT	9027			27	YES
SIN INT	10292			17	YES
▶					

2. Encode 작업

일반적인 언어를 예약시스템이 인식할 수 있도록 암호화된 코드로 바꾸는 것
이 Encode의 기능이다.

※ S + 찾고자 하는 코드C(예: 도시코드) + * + 도시명(예: 서울)Seoul

1) 도시(City)명

지 시 어
▶SC* / SEOUL ↵

도시코드 Encode 응답화면
M ICN SEOUL KR
▶

2) 공항(Airport)명

지 시 어
▶SP*／JOHN KENNEDY ↵

공항명 Encode 응답화면
JFK JOHN F KENNEDY　　＊NYC ▶

3) 국가(Nations)명

지 시 어
▶SN*／CANADA ↵

국가명 Encode 응답화면
CA CANADA ▶

4) 항공사(Airlines)명

지 시 어
▶SA*／CATHAY PACIFIC ↵

항공사명 Encode 응답화면
CX　CATHAY PACIFIC .HK ▶

5) 주(States)명

지 시 어
▶SS* / TEXAS ↵

주(STATE) Encode 응답화면
TX TEXAS. US ▶

〈표 2-3〉 City Code 유형

ROM Type – 도시명의 첫 3자리	
CHI: Chicago.US	LON: London.GB
FAI: Fairbanks.US	MAD: Madrid.ES
HAM: Hamburg.DE	PAR: Paris.FR
IST: Istanbul.TR	RIO: Rio De Janeiro.BR
LAS: Lasvegas.US	VIE: Vienna.AT
BKK TYPE – 도시명의 첫 자 + 선택 2자	
DTT: Detrot.US	GVA: Geneva.CH
GUM: Guam.Gu	HNL: Honolulu.US
MOW: Moscow.Ru	OKA: Okinawa.JP
DTT: Detroit.US	THR: Tehran. IR
YUL TYPE – 캐나다 도시 첫 자는 Y	
YVR: Vancouver.CA	YYS: Toronto.CA
YYC: Galgary.CA	YOW: Ottawa.CA
YNZ: Halifax.CA	TWG: Winnipeg.CA
기 타	
PDX: Portland.US	LAX: Los Angeles.US
SCL: Santiago.CL	

제3장 항공예약 실무실습

승객이 여행할 항공구간을 예약하기 위해서는

① 해당 구간의 항공편 스케줄을 확인하고 항공편 스케줄이 확인
   되면
② 해당 항공편의 예약 가능 여부를 조회하고 항공편을 예약한다.
③ 항공편 스케줄을 확인하는 방법은 스케줄(Schedule)의 약자
   인 "S"를 이용하며
④ 예약가능 항공편을 확인하기 위해서는 어베일러빌러티(AVBLTY)
   의 약자인 "A"를 이용한다.

S 또는 A 29FEBICNLAX ↵

※ S는 Schedule의 약자
※ A는 Availability의 약자
※ 일반적으로 어베일러빌러티(AVBLTY)를 이용하여 조회하면 항공편 스케줄은
   물론 예약가능 좌석까지도 확인할 수 있기 때문에 AVBLTY를 주로 이용한다.

항공 예약 스케줄 조회 실무실습

1. 항공예약 스케줄 조회

1) 도시코드 또는 공항코드 사용 조회

승객이 여행할 항공구간을 예약하기 위해서는 먼저 해당구간의 항공편 스케줄을 확인하고 항공편 스케줄이 확인된다. 즉, 해당 출발지와 목적지를 도시코드 또는 공항코드를 이용하여 항공편의 스케줄 및 예약가능 항공편을 조회한다.

※ 예제: 3월 25일 12시경에 출발하는 서울(ICN) – 뉴욕(NYC) 구간 항공편 스케줄 및 예약가능 항공편을 조회하는 지시어

S or A25MARICNNYC1200 ↵

2) 도시명 또는 공항명 사용

출발지와 목적지의 도시코드 또는 공항코드를 알지 못할 경우에는 도시명과 공항명을 이용하여 항공편의 스케줄 및 예약가능 항공편을 조회할 수 있다. 이 경우에는 도시명과 공항명 앞뒤에 반드시 슬래시(/)를 삽입해야 한다.

※ 예제: 7월 12일 16시경에 출발하는 서울(ICN) - 나고야(NGO) 구간 항공편 스케줄 및 예약가능 항공편을 조회하는 지시어

```
S or A 12JUL / ICN / NGO / 1600 ↵
```

2. 항공여정 예약 지시어

승객이 여행구간의 좌석을 요청한 경우 먼저 항공시간표를 조회하여 본 후 날짜와 시간이 결정되면 해당 날짜의 AVBLTY를 조회하여 해당 항공편의 좌석을 예약한다.

항공여정 예약 지시어 응답화면
▶A15DECICNBKK ↵
15DEC TUE 1200 ICN-BKK BANGKOK.TG   NTE
1@ICN BKK 15-1035 1600 C* Y* W* B* H* G*   OZ 132 767 0 502
S* T* Q* N*
2@ICN BKK 15-1645 2100 Y9 B9 H9 Q9 M9 N0 KO   JL 972 767 0 502
3 ICN BKK 15-1845 2310 F9 C9 I9 W9 Y9 M9 H9 B9 KE 781 744 0 502
4 ICN BKK 15-0840 1320 C1 I1 W0 Y0 M0 H0 B0 L0 KE 783 AB6 1 502
GR S0 V0 Q0 K0 U0 Z0
5 ICN BKK 15-1020 1630 C0 I0 W0 Y0 M0 H0 B0 L0 KE 703 743 0 502
GR S0 V0 Q0 U0 Z0
6@HND BKK 15-1600 2145 J9 Y9   JK 369 767 0 502
① ②   ③   ④   ⑤   ⑥ ⑦ ⑧
▶

1) 직행편이 있는 경우

① 라인번호

② 비행구간(출발지와 도착지 공항코드)

③ 출발시간과 도착시간

④ 각 클래스별 예약가능 좌석 수(예: V0같은 경우는 좌석이 없음)

⑤ 항공사별 비행편명

⑥ 비행기 기종

⑦ 경유지(Stop Over)숫자(예: 0은 Non Stop)

⑧ Note 번호

승객이 여행구간의 좌석을 요청한 경우 먼저 항공시간표를 조회하여 본 후 날짜와 시간이 결정되면 해당 날짜의 AVBLTY를 조회하여 해당 항공편의 좌석을 예약한다.

2) 직행편이 없는 경우

항공여정 예약 지시어 응답화면
▶A25APRICNMIA ↵
25APR FRI 1200 ICN - MIA MIAMI. FL. US   NTE
1 ICN JF K 1000 1030   F9 W9 Y9 K9 M9   KE026   744   0 502
H9 L9 Q9 B9 S9 V9 GR
2   MIA 1625 1927   F9 Y9 B9 Q9 K9 V9 GR   TW189   72S   0
H0 S0
▶

3. 항공여정 예약 가능편 조회

항공예약시스템이 토파스에서 예약가능편이나 스케줄은 화면에서 일시적으로 지워진 이후에도 기억되고 있다. 따라서 필요한 예약 가능편을 조회한 후에 아래와 같은 지시어를 사용하면 간단하게 해당 구간의 며칠 전이나 며칠 후의 예약편을 조회할 수 있다. 예를 들어 예약가능편의 스케줄의 경우는 "A" 대신에 "S"를 사용하면 된다.

1) 간편 지시어

〈표 3-1〉 간편 지시어 조회

지시어	내 용
AO	AVBLTY ORIGIN의 약자로 바로 전에 쳤던 예약 가능편을 다시 조회
AO@3	초기 조회의 3일 후 예약 가능편 조회
AO-5	초기 조회의 5일 전 예약 가능편 조회
AO10DEC	12월 10일 같은 구간 AVBLTY 바로 조회
AOHKG	초기 조회한 구간의 목적지를 출발지로 하고 HKG를 목적지로 하는 예약 가능편 조회
AO30SEP HKG	초기 조회한 구간의 목적지를 출발지로 하고 HKG를 목적지로 하는 9월 30일 예약 가능편
AR	바로 전 화면 다시 보기 AVBLTY Redisplay
A*	다음 화면을 더 조회할 때 (Display More) 즉 스케줄을 더 보여 달라고 할 때 사용
A*L	현재 나타난 것보다 더 늦은 비행편 조회 (L은 Later의 약자)
A*E	현재 나타난 것보다 더 빠른 비행편 조회 (E는 Earlier의 약자)
AB	현재 나타나 있는 예약가능편의 복편 조회 (B는 Backword)
AB 1800	복편의 새로운 출발시간 지정
AB@4	4일 후의 돌아오는 예약 가능편 조회
AB-5	5일 전의 돌아오는 예약 가능편 조회
AB26SEP	돌아오는 항공기편을 날짜 지정하여 조회

2) 선택사항(Options) 지정 지시어

〈표 3-2〉 선택사항 지시어

지시어	내 용
A25NOVICNTYO**0900**	AVBLTY 기준 시 지정
A25NOVICNPDX-**LAX**	ICN에서 PDX까지 LAX로 연결되는 스케줄Display 예)ICN-LAX-PDX
A25NOVICNPDX-**LAX-UA**	LAX-PDX구간을 UA로 연결되는 스케줄Display
A25NOVICN-**KE-LAX**	ICN-LAX구간을 KE로 연결되는 스케줄 Display
A25NOVICNPDX-**KE-LAX-UA**	ICN-LAX구간은 KE로, LAX-PDX구간은 UA로 연결되는 스케줄 Display
A25NOVICNLAX<u>L</u> / D **CLS**	Forward AVBLTY(해당 BKG CLS의 예약가능일 조회)

4. Schedule / Time Table 조회

1) Schedule 조회

S10SEPICNTYO↵	S10MAY / SEOUL / TOKYO /↵

스케줄 지시어 응답화면

```
▶S10SEPICNTYO ↵
10SEP TUE 1200 ICN - TYO TOKYO.JP                              NTE
1 ICN NRT 1110 1335   FJCZYBMHQVK          NW008   747  0    502
2 ICN NRT 1120 1335   CIWYTHLSBXQVKMG      KE703   744  0    502
3 ICN NRT 1130 1340   CWYBMG               NH6974  777  0    127
4 ICN NRT 1210 1435   FJCZYBMHQVK          UA826   744  0    502
  **OPERATED BY JAPAN AL
NOTE Q INTERNATIONAL ONLINE CONNECTING / STOPOVER TRFC ONLY
▶
```

① 10SEP TUE 1200: 지정 날짜 및 요일, SKD Display 기준시 (12시)
② ICN-TYO: 출발 / 도착지 표시   ③ NTE: Note
④ 1: 스케줄 번호   ⑤ ICN NRT: 출 / 도착지(공항코드 기준)
⑥ 1110: 출발시각   ⑦ 1335: 도착시각(도착지 현지시각 기준)

⑧ JCZ..: 해당항공사의 운영 BKG Class Code
⑨ NW008: 항공사코드 및 편수   ⑩ 747: 기종코드
⑪ 0: 경유지 횟수   ⑫ 502: Note 번호

2) Time Table 조회(요일별 SKD)

(1) 28일간(1개월)의 각 항공사 Time Table

```
ST10JULICNSFO ↵
```

예약가능 항공편 지시어에 대한 응답화면

▶ST10JULICNSFO ↵

10JUL-6AUG	MTWTFSS	ICN	SFO SAN FRANCISCO.CAN.US
	1234567	1045ICN	1040SFO	UA838	744	FCDYB	1
	.23.567	1640ICN	1110SFO	KE023	744	FCY	0
	.23.567	1720ICN	1110SFO	DL / KE7117 EQV CDIYB 0
	1234……	1720ICN	1230SFO	SQ016	343	FACJD	0
	……567	1720ICN	1230SFO	SQ016	343	FACJD	0
	.2.45.7	1930ICN	1420SFO	OZ214	777	CYMVB	0

① 10JUL-6AUG: 적용기간(지정일+28일)
② MTWTFSS: 요일 표시   ③ ICN SFO: 출 / 도착지
④ 1234567: 해당 비행편 운항요일(1-월, 2-화, 3-수, 4-목, 5-금, 6-토, 7-일)
⑥ 1045: 출발시각   ⑦ 1040SFO: 도착시각 및 도착공항 코드
⑧ UA838..: 운항 항공사 코드 및 편수   ⑨ 744: 기종코드
⑩ FCY: 운영 Class   ⑪ 1: 경유지 횟수
⑫ DL / KE7117: Code Share 항공편(DL 7117편 항공편으로 KE 항공기 이용)

```
ST10JULICNSFO / SQ ↵
```
: 특정 항공사의 Time Table 조회 시 이용

예약가능 항공편 지시어에 대한 응답화면

▶ST10JULICNSFO / SQ ↵

10JUL-6AUG	MTWTFSS	ICN	SFO SAN FRANCISCO.CAN.US
	1234……	1720ICN	1230SFO	SQ016	343	FACJD	0
	……567	1720ICN	1230SFO	SQ016	343	FACJD	0

(2) 1주일간의 각 항공사 Time Table

S10JULICNSFO / YY ↵

예약가능 항공편 지시어에 대한 응답화면
▶S10JULICNSFO / YY ↵
8JUL-14JUL MTWTFSS   ICN   SFO SAN FRANCISCO.CAN.US

1234567	1045ICN	1040SFO	UA838	744	FCDYB	1
.23.567	1640ICN	1110SFO	KE023	744	FCY	0
.23.567	1720ICN	1110SFO	DL / KE7117 EQV		CDIYB	0
1234...	1720ICN	1230SFO	SQ016	343	FACJD	0
.....567	1720ICN	1230SFO	SQ016	343	FACJD	0
.2.45.7	1930ICN	1420SFO	OZ214	777	CYMVB	0

S10JULICNSFO / SQ ↵ : 지정 항공사사만 Display됨.

예약가능 항공편 지시어에 대한 응답화면
▶ST10JULICNSFO / SQ ↵
08JUL-14AUG   MTWTFSSICN   SFO SAN FRANCISCO.CAN.US
1234⋯   1720ICN   1230SFO   SQ016   343   FACJD   0
⋯⋯567   1720ICN   1230SFO   SQ016   343   FACJD   0

(3) 간편 지시어

※ STO: Schedule Time Table Origin의 약자로 초기에 조회한 구간의 시간표를 조회하는 지시어

※ STB: Schedule Time Table Backword의 약자로 초기에 조회한 구간의 시간표를 반대방향으로 조회하는 지시어

〈표 3-3〉 시간표 관련 지시어

지 시 어	내 용
ST20NOVICNHKG / KE	대한 항공편만 조회
STO	초기에 조회한 구간의 시간표 조회
STR	방금 전에 조회한 구간의 시간표 재 조회

지 시 어	내 용
STO@20	초기에 조회한 구간의 시간표를 기준으로 20일 후의 시간표 조회
STO-28	초기에 조회한 구간의 시간표를 기준으로 28일전의 시간표 조회
STO14JAN	초기에 조회한 구간의 시간표를 1월 14일로 날짜 변경하여 조회
STOLAX	초기에 조회한 구간의 도착지점에서 LAX까지의 시간표 조회
STB	초기에 조회한 구간을 반대방향으로 시간표 조회
STB@4	4일 후의 반대방향 시간표 조회
STB-19	19일전의 반대방향 시간표 조회
STB25JAN	1월 25일 의 반대방향 시간표 조회

5. 기타 기능

1) 63일 이내 특정 클래스 조회

특정 클래스의 예약가능 좌석을 조회할 때 조회한 날짜부터 지속적으로 체크하여 예약가능성이 있는 날짜(최대 63일)가 나타날 때가지 조회한다.

A25NOVICNTYOY / D ↵

2) 연결편 스케줄에서 중간 기착지 및 항공사 지정 조회

항공편의 운항스케줄을 중간경유지 및 각 구간의 해당 항공사를 지정하여 조회할 경우 다음과 같다.

A25NOVICNAX-KE-LAX-DL / UA ↵

3) 특정 비행편의 운항 스케줄

특정 클래스의 예약가능 좌석을 조회할 때 조회한 날짜부터 지속적으로 체크하여 예약가능성이 있는 날짜(최대 63일)가 나타날 때까지 조회한다.

> A25NOVICNTYOY / D ↵

4) 연결편 스케줄에서 중간 기착지 및 항공사 지정 조회

항공편의 운항스케줄을 중간경유지 및 각 구간의 해당 항공사를 지정하여 조회할 경우 다음과 같다.

> A25NOVICNATL-KE-LAX-DL / UA ↵

5) 특정 비행편의 운항 스케줄

특정 비행편의 운항 스케줄을 알아보려 할 때 비행편명과 날짜를 알고 있는 경우는 비행편명을 이용하여 조회하고, 비행편명을 모르는 경우는 AVBLTY를 조회하거나 승객의 예약기록을 이용하여 조회한다.

(1) 비행편 / 날짜 이용

> SKE701 / 1DEC ↵

```
                    비행편과 날짜 이용한 응답화면
▶SKE701 / 1DEC ↵
01DEC FRI ICN - NRT  TML  FLY / T GRN / T CON / T TTL / T MILE
KE0701 ICNNRT 0920 1130 2-1 02.10              ⑦ 02.10 1000
  ①     ②       ③     ④   ⑤      ⑥ TOTAL 02.10 1000
** KE0701 ICNNRT-NON SMOKING FLIGHT LEG      ⑧    ⑩
▶
```

① KE0701: 비행기편명　　　　　　　　② ICNNRT: 출발지 도착지
③ 0920 1130: 출발시간 도착시간　　　④ 2-1: 나리타공항 두 개의 터미널 중 1터미널
⑤ 02.10(FLY / T): 비행시간　　　　　⑥ GRT / T: 공항체류 시간
⑦ CON / T: 비행연결소요시간　　　　⑧ 02.10(T시 / T): 비행총소요시간
⑨ 1000(MILE): 총마일수

(2) Availability 또는 Schedule 이용 조회

가. 직행편일 경우

① 지시어

| A25NOVICNLAX ↵ | 또는 | S25NOVICNLAX ↵ |

② 지시어:

| S2 ↵ | 선택할 여정의 라인번호 지정: S2(2는 라인번호)↵

나. 예약기록(PNR) 이용 조회

일단 승객의 예약기록을 조회한 후 해당 여정의 번호를 찾아서 운항스케줄을 조회할 수 있다.

① 지시어

| *SH7395 ↵ | 예약번호 SH7395의 예약기록을 조회하는 지시어

| S2I ↵ | 예약기록의 두 번째 여정 조회

다. 연결편일 경우

① 지시어

| A20NOVICNLAX ↵ | 또는 | S20NOVICNLAX ↵ | 예약 가능편 또는 스케줄 조회

| SI* ↵ | 선택할 여정의 번호 지정

6) 시간표(ST), 에베일러빌러티(A), 스케줄(S), 지시어간의 상호 전환

날짜와 여행구간을 지정하여 시간표, 어베일러빌러티, 스케줄 중에 하나를 조회하면 서로 상호간에 전환이 가능하다. 상호 전환하는 방법은 각각의 지시어만을 입력하면 된다. 시간표는 "ST", 어베일러빌러티는 "A", 스케줄은 "S"이다.

(1) 스케줄(S)의 상호 전환 조회

ST22JANICNLAX ↵	서울-로스앤젤레스 구간의 시간표 조회
A ↵	예약가능 여부 조회로 전환
S ↵	스케줄 조회로 전환
ST ↵	시간표조회로 전환

시간표(ST), 어베일러빌러티(A), 스케줄(S), 지시어간의 상호 응답화면

```
▶ST22JANICNLAX↵
22JAN-18FEB MTWTFSS ICN LAX LOS ANGELES. CAS.US
            1234567      1120 0730LAX      KE 001  772      FCY       1
            1234567      1500 0850LAX      KE 017  744      FCY       0
            1234567      1630 1020LAX      OZ 202 EQV       CYMBV     0
            1234567      1700 1020LAX      AA/OZ6138 744    FAJSY     0
            ·····3.5.7   1900 1250LAX      KE 061  744      FCY       0
            1234567      2010 1400LAX      KE 011  74E      CYMBV     0
            1234567      2030 1410LAX      AA/OZ6140 744    FAJSY     0
▶A↵
22JAN MON 1200 ICN-LAX LOS ANGELES. CAS. US                          NTE
1 ICN LAX 1500 0850   C9 19 W9 Y9 K9 M9 L9 H9 X9 KE 017 744 0 502
                      Q9 S7 B9 V3 GR U6 Z5
2@ICN LAX 1630 1020 C* Y* M* B* V*  H* G* S* T* OZ 202 EQV 0 502
                      Q*
3/ICN LAX 1700 1020 F4 A7 J4 S7 Y7 B7 H7 M7 N7 AA6138 744 0 127
                      K7
  ** OPERATED BY ASIANA AIRLINES
4 ICN LAX 1120 0730 F4 C4 14 W9 Y9 K9 M9 H9 B9 KE 001 772 1
                      L5 XO Q0 S0 V0 GR V0 Z0
▶S↵
22JAN MON 1200 ICN-LAX LOS ANGELES. CAS. US
1 ICN LA 1500 0850 CIWYKMLHXQSBVGUZ   KE 017 744   0    502
2 ICN LAX 1630 0850 CIWYKMLHXQSBVGUS  KE 017 744   0    502
3 ICNLAX  1700 1020 CYMBVHGSTQ         OZ 202 EQV  0    502
 ** OPERATED BY ASIAINES
4 ICN LAX 1120 0730 FCLWYKMHBLXQSVGUZ KE 001 772   1
5 ICN LAX 1840 1521 FCYBMHQVAD         UA 808 CHG 1    802
▶ST
```

6. 최소 연결시간(MCT: Minimum Connecting Time) 조회

1) 특정도시의 전체 최소연결 시간표(MCT)

| SM*NYC ↵ | 뉴욕공항의 최고 연결시간 조회 |

뉴욕공항의 최소 연결시간 조회 응답화면

```
▶SM*NYC ↵
MINCT NTC NEW YORK.NY     ② APT US ①/0.25-5.00/
③TML ④D/I⑤ALC⑥FRM⑦EQP     *APT TML D/I ALC⑧TO EQP⑨TIME
1 JFK    -    DOM  - - -    *JFK - IN KE  -  -    200
2 JFK    -    INT  KE - -   *JFK - DOM    -  -    200
3 JFK    -    INT  - - -    *LGA - INT    -  -    3.00
  LGA    -    INT  - - -    *JFK - INT    -  -    3.00
4 JFK    -    INT  KE - -   *LGA - DOM    -  -    3.00
5 JFK    -    INT  - - -    *LGA - DOM    -  -    2.00
6 JFK    -    INT  - - -    *EWR - DOM    -  -    3.00
  EWR    -    DOM  - - -    *JFK - INT    -  -    3.00
7 LGA    -    NT   - - -    *JFK - DOM    -  -    3.00
▶
```

① 0.10-6.00: 가장 짧은 연결시간과 가장 긴 연결시간
② APT: Airport 의 약자로 도착공항과 출발공항
③ TML: Terminal의 약자로 터미널
④ D/I: Domestic과 International 약자로 국내선/국제선
⑤ ALC: Airline Company 약자로 항공사 코드
⑥ FRM: From의 약자로 출발 도시코드나 국가코드
⑦ EQP: Equipment의 약자로 항공기 기종
⑧ TO: 도착 도시코드나 국가코드
⑨ TIME: 최소연결시간(MCT)

2) 선택사항을 입력한 케이스별 최소연결시간 조회

최소연결시간을 조회하는 지시어 끝에 "/"를 첨부하면 직접 관련사항을 입력하여 해당 연결 편만을 조회할 수 있는 화면이 나타나는데, 해당란에 커서를 이동하여 해당사항을 입력하면 해당 연결편의 최소연결시간이 나타난다.

SM*NYC/↵	뉴욕공항 선택사항을 입력한 케이스별 최소연결시간 조회
SM*NYC/JFK/-/INT/KE/ICN/↵	1번창의 지시어에 따른 응답 창에서 공란인 해당란으로 커서를 이동하여 해당내용 입력한 후+에 커서를 놓고 ENTER

선택사항을 입력한 케이스별 최소연결시간 조회 응답화면

▶SM*NYC/↵
MINCT NYC NEW YORK.NY.US   / 0.25-5.00 /
        APT TML D/I ALC FRM EQP*APT TML D/I ALC TO EQP
▶SM*NYC/JFK/-/INT/KE/ICN/   *JFK/-/DOM/AA/DFW◀
MINCT NYC NEW YORK.NY.US   / 0.25-5.00 /
    APT TML D/I 및 FRM EQP   *APT TML D/I ALC TO EQP TIME
2   JFK-INT KE - -   *JEJ-DOM- - - 2.00
▶

제2절
PNR(예약기록)의 개념 및 구성요소

1. PNR의 개념

고객의 항공여행에 필요한 필수 사항인 승객의 성명 및 Title, 여정, 서비스 요청사항, 업무 참고사항, 예약 작성자, 항공권 번호, 발권시한, 전화번호 등 고객의 필수사항과 부대 서비스 사항 등 예약사항이 예정대로 수행되고 통제될 수 있도록 모든 정보를 기록해 놓은 것을 고객의 예약기록을 PNR(Passenger Name Record)이라고 하며, 해당 항공사에 전송하여 실질적으로 자석을 확보하는 것이다. 따라서 예약기록은 승객에게 제공되어야 하는 모든 항공 및 기타 서비스 사항에 관한 정보를 얻을 수 있고 승객에게 보증할 수 있는 기초 자료가 되므로 좌석의 확보, 요청, 대기자 등록 등의 예약을 마치면 TOPAS 시스템 내에 하나의 예약기록이 생성되고 파일로 저장된다. 따라서 한 번 작성된 이후에 서비스상의 여정 추가, 변경, 취소 등이 발생할 경우에는 별도의 예약기록을 만들지 않고, 이미 만들어진 PNR을 찾아 수정시키면 되는 간편하게 쓰일 수 있는 조회기록이다.

다시 말하면, PNR은 Passenger Name Record의 줄임말로 고객의 예약

기록을 정해진 영역에 따라 예약전산시스템에 기록해 놓은 것을 나타내는 용어
이다.

1) PNR 구성요소

PNR은 성명, 여정, 전화번호 등 고객의 필수사항과 부대서비스 사항 등 부
분들로 이루어져 있으며 이러한 각 부분을 Field라 부르는데, 각각의 Field에는
숫자 또는 부호가 기본 Key로 지정되어 있어 모든 내용을 정해진 형식에 따라
작성해야 한다.

〈표 3-4〉 PNR 구성요소

Field	내　용	입력 지시어
Name	승객의 성명 및 Title	-JANG / YANGLAEMS
Itinerary	항공 / 비항공 여정	0KE702W1SEPICNLAXNN1
Gen Fax	여정관련 서비스 요청사항(Meal, 선호좌석)	4F VGML
Ap Fax	항공사 전송 각종 INFO(유아 / 소아 나이 등)	
Remark	업무 참고사항, 비고	5**DLY INFO TO PAX
Received From	예약 작성자, 변경의뢰자	6HONG / GILDONG
Ticket	항공권 입력번호	7O*18012345678910
Time Limit	발권시한, 명단 시한	81800 / 12MAY
Fone	전화번호	9T*123-4567 TOTO WS / GUM

2) PNR작성을 위한 지시어

가. *R(Retrive)

"*R"새로운 예약기록을 작성하기 위해서 초기화면을 조회하거나 또는 지시어
를 입력한 후에 응답한 내용을 예약기록상에서 다시 정리를 하기 위하여 사용하
는 지시어이다.

```
         *R ↵
```

```
▶*R ↵
NO NAMES
NO ITTN
NO DATA
▶
```

① No Names: 현재 작업장에는 입력된 승객이름이 없고

② No Ittn: 작성된 여정도 없으며

③ No Data: 승객에 대한 Data도 입력되어 있지 않다.

나. I (IGNORE)

"I"는 Ignore의 약자로서 현재 작업한 내용을 전부 무시하고 예약기록을 완료하거나 이미 만들어진 예약기록을 다시 조회하여 수정한 후 수정한 내용을 전부 무시하고 예약기록을 완료하는 지시어이다.

```
         I ↵
```
개로 작업한 내용 취소

I(Ignore) 응답화면
▶*R ↵
1.1KIM / SAMJUGMR   2.1PARK / KYONGMIMS
ZR8KER8 26NOV S4V5L8 / 920-5188
NO ITIN
FON
E-ZR8-T 520-5043 PARK / JAESANG
2.1 ZR8-H 520-5188
GEN FAX-OSIKE RSVN NBR IS 920-5188
▶I↵
IGNORED

다. E (ETO)

"E"는 End Of Transaction의 약자로 예약기록의 작성을 완료할 때 사용하는 지시어이다. 즉 "E"를 치면 예약 기록이 완성되면서 예약번호가 생성된다.

라. ∗RR

"∗RR"은 "E"로 예약기록을 완료할 경우에 방금 작성된 예약기록을 다시 조회하고자 할 경우에 사용하는 지시어이다.

∗RR ↵

RR 응답화면
▶∗RR↵
1.1KIM / SANJUNGMR　　　2.1PARK / KYONGMIMS
ZR8KER8 26NOV S4V5L8 / 920-5188
1 CA 124 Y TU 10APR ICNPEK HK2 1305 1350 DA
2 CA 123 Y SU 15APR PEKICN HK2 0900 1140 DA
FONE-ZR8-T-725-6003 KYOWON LEE / NAMWOO
2.1 ZR8-H 50-5188
GEN FAX-OSIKE RSVN NBR IS 920-5188

마. E∗R

"E∗R"은 예약기록의 완료와 동시에 작성된 예약기록을 다시 조회하는 지시어로 "E"와 "∗RR"의 기능을 하나로 합친 것이다.

E∗R ↵

E∗R 응답화면
▶E∗R↵
1.1KIM / SANJUNGMR　　　2.1PARK / KWANGSOOKMS
ZR8KER8 26NOV S4V5L8 / 920-5188
1 CA 124 Y TU 10APR ICNPEK HK2 1305 1350 DA
2 CA 123 Y SU 15APR PEKICN HK2 0900 1140 DA
FONE-ZR8-T-725-6003 KYOWON LEE / NAMWOO
2.1 ZR8-H 50-5188
GEN FAX-OSIKE RSVN NBR IS 920-5188

제4장 PNR 작성 및 수정 실무실습

제1절
승객 성명의 작성 실무실습

1. 승객성명의 작성 방법

1) 승객성명 작성방법 시 유의사항

① 승객성명을 입력하는 지시어는 하이픈(-)이다.

② 승객성과 이름 사이에는 반드시 슬래시(/)를 삽입한다.

③ 승객성명 뒤에는 성별 또는 신분에 맞는 적절한 호칭(Name Title)을 기입한다.

④ 유아는 성명을 첫 번째 승객의 성명으로 기입할 수 없다.

⑤ 여정의 좌석 수는 항상 승객의 성명수와 일치해야만 한다. (유아가 포함된 경우도 좌석을 차지하지 않는 경우는 예외)

⑥ 여권상의 성명을 기준으로 정확하게 대문자로 기입한다.

⑦ 소아(CHILD)는 좌석을 차지하기 때문에 성인성명과 동일한 방법으로 입력한다.

⑧ 소아(CHILD)의 호칭은 남자아인 "MSTR", 여아인 경우에는 "MISS"로

기입한다.

⑨ 소아(CHILD)는 나이를 FACT 사항으로 "F4 1CHD 5YEARS"와 같이 입력한다.

⑩ 소아(INFANT)의 성명은 첫 번째 승객이름으로 입력할 수 없다.

⑪ 한국인, 외국인 모두 성(Last Name , Family Name)을 먼저 기입해야 한다.

⑫ 각 SEG별 좌석수와 여객의 수가 반드시 일치해야 PNR이 완성된다.

⑬ 1개 PNR에는 성인 99명과 유아 28명까지 입력이 가능하다.

2) 승객 호칭(Title)

승객의 호칭은 성별과 신분에 따라 전부 11개가 있으며 이름 뒤에는 호칭이 붙지 않으면 자동 발권이 불가능하므로 반드시 입력해야 한다.

〈표 4-1〉 승객의 호칭(Title)

MR	성인남자	MPS	기혼여성	MS	미혼여성
MSTR	12세미만 남아	MISS	12세미만 여아		
CAPT	선장	DR	의사	REV	목사
PROF	교수	SIR	영국 귀족남자	LADY	영국 귀족여자

2. 승객 성명의 입력

1) 기본 성인 성명 입력

성인의 성명을 입력하는 방법은 먼저 성명 입력 지시어만 하이픈을 이용하여 성명과 호칭을 기입한다.

```
    -  KIM / HEESUN    MR ↵
    ↵    ↵            ↵      ↵
기본 KEY  성        이름    타이틀
```

2) 동일성을 가진 승객의 성명입력

동일성을 가진 승객의 성명을 입력할 경우에는 하이픈 다음에 승객의 수에 맞는 숫자와 성을 입력하고 다음은 각 승객의 이름과 호칭만을 입력한다. 이때 각 승객의 이름과 이름 사이에 슬래시(/)를 삽입한다.

```
-2JANG / DONGGUNMR / SEJIKMR ↵
  └ 동일성으로 연결된 승객이 2명
```

3) 2명 이상의 승객 성명을 동시에 입력

2명이상의 승객 성명을 한번에 입력하여 처리할 경우에는 : (END ITEM)으로 연결하여 입력할 수 있다.

```
-CHOI / SOOJONGMR:-HA / HEERAMRS ↵
  └ 동일성으로 연결된 승객이 2명
```

성인이름 입력 응답화면
▶-KIM / HEESUNMS↵ *
▶-2JANG / DONGGUNMR / SEJIKMR↵ *
▶-CHOI / SOOJONGMR:-HA / HEERAMRS↵ *
▶*R↵
1.1KIM / HEESUNMS   2. 1JANG / DONGGUNMR / SEJIKMR
3.1CHOI / SOOJONGMR
4.1HA / HEERAMRS
NO ITIN
NO DATA
▶

4) 어린이(CHILD) 성명 입력

어린이 이름을 입력할 때에는 하이픈 다음에 CHILD의 약자인 "C"를 입력하고 슬래시(/)후에 성명을 입력하며, 어린이 승객은 반드시 이름을 기입한 후 나이를 함께 입력하여야 한다. FACT 사항으로 어린이의 나이수를 "4F 1INF 5YRS (5살 된 1명의 어린이)"와 같이 입력하면 된다. 어린이의 나이기준은 만 2세 이상 12세 미만의 승객으로 노선에 따라 성인요금의 67% 또는 50%를 지불한다.

```
-C / CHOI / MIRAEMISS ↵
 └ CHILD
```

– 어린이 이름 입력다음에는 다음과 같이 나이를 입력하여야 한다.

```
     4F 1CHD 5YRS
```
① 4F: 승객 DATA를 입력하기 위한 기본 지시어
② 1: 해당 PNR에서의 어린이 인원수
③ CHD: 어린이를 나타내는 지시어
④ 5YRS: 나이가 5살을 의미함

어린이(Child) 성명 입력 응답화면
▶-C / CHOI / MIRAEMISS↵ *
▶4F1 CHD5YRS*
▶*R↵
1.1C / 1CHOI / MIRAEMISS
NO ITIN
AP FAX-OSIYY 1CHD 5YRS

5) 유아(Infant)의 성명 입력

PNR에 유아의 성명을 입력할 때에는 하이픈 다음에 Infant의 약자인 "I"를 입력하고 슬래시(/) 후에 성명을 입력한다. 또한 유아의 승객이 있는 경우에는 반드시 FACT 사항으로 유아의 생후 개월 수를 "F4 1INF 7MONS(7개월 된 1명의 유아)"와 같이 자유방식(Free Format)으로 입력한다. 유아의 기준은 14일 이상 2세미만의 승객으로 성인요금의 10%를 지불해야 하며 좌석을 차지하지 않으며, 만약 INF의 경우에도 좌석을 차지할 경우에는 CHD 요금을 지불해야 하여 이때는 성인 성명과 동일한 방식으로 입력한다.

```
-I / NA / BORAMMSTR
  └ INFANT
```

```
4F 1INF 12MONS
```

① 4F: 승객 DATA를 입력하기 위한 기본 지시어
② 1: 해당 PNR에서의 어린이 인원수
③ INF: 유아를 나타내는 지시어
④ 12Mons: 12개월을 의미함

유아(Infant) 성명 입력 응답화면
▶-I / NABORAMMSTR↵
▶4F 1INF 12MONS↵
▶*R↵
1.I / 1NABORAMMSTR
NO ITIN
AP FAX-OSIYY 1INF 12MONS
▶

6) 인솔자 성명 입력

```
-T / KIM / INAE MS ↵
   └ Tour Conductor
```

3. 승객의 성명 삭제 및 수정

예약기록(PNR)의 작성 중에 성명입력이 잘못된 경우는 변경이 가능하지만 일
단 (EOT: End Of Transaction)를 쳐서 PNR이 완성되어 PNR Address가
부여되면 성명의 변경은 불가능하다. 승객의 성명을 추가할 경우에는 삽입은 가능
하며 성명을 삭제하거나 삽입할 경우에는 각 여정의 예약좌석 숫자도 함께 삭제하
여 항상 승객의 숫자와 각 여정의 예약좌석이 숫자가 일치하도록 주의해야 한다.

1) 승객성명의 변경

① 승객의 성명을 잘못 입력하여 삭제할 경우에는 " - (승객번호)@"를 하여
    삭제
② 승객의 성명의 철자(Spelling)가 잘못되었을 경우에는" - (승객번호)@(새로운
    성명)"

-2@

PNR에서 2번 HA / HEERA 승객 성명의 삭제

① - : 이름 기본 부호
② 2: 지우고자 하는 승객의 번호
③ @: 삭제부호

예약기록(PNR)에서 2번 승객들의 삭제 응답화면
1.1CHOI / SOOJONGMR   2.2HA / HEERAMRS NO ITIN AP FAX-OSIYY 1INF 18MON ▶-2@↵ * ▶*R↵ 1.1CHOI / SOOJONGMR NO ITIN AP FAX-OSIYY 1INF 18MON

-2@ : -1@

3번 승객과 1번 승객 동시 삭제

- 두 개의 성명을: (And Item)을 사용하여 지우는 경우 앞에서부터 지우
면, 뒤의 성명이 지워진 앞의 성명으로 올라가므로 혼돈을 일으킨다. 그러
므로 뒤 번호부터 지우는 것이 바람직하다.

| -2@KIM / EUNJUNGMS |

2번 승객 HA / HEERA를 지우고
KIM / EUNJUNG 승객 이름 입력함.

2) 승객 성명 삽입

새로운 승객의 성명을 기존 승객과 승객 사이에 삽입하기 위해서는 슬래시(/)
를 사용하여야 한다. 즉 "- / (삽입할 승객의 앞 번호)"치고 승객성명을 입력한다.

| - / 1LEE / EUNHYEMRS |

1번 CHOI / SOOJONG승객 다음에 LEE /
EUNHYE 승객 이름 입력함

① - : 이름 입력 기본 부호
② / : 삽입기능
③ 1: 승객번호)1번 승객 다음에 입력함

성명의 변경 삽입 응답화면
1. 1CHOI / SOOJONGMRS   2. 2HA / HEERAMRS
NO ITIN
AP FAX-OSIYY 1INF 18MON
▶- / 1LEE / EUNHYEMRS↵
▶*R↵
1. 1LEE / EUNHYEMRS   2. 2HA / HEERAMRS
NO ITIN↵
AP FAX-OSIYY 1INF 18MON
▶

※ 용어해설: 슬래시(/)의 기능

슬래시는 여러 경우에 삽입의 기능을 수행한다. 성명 작성에서 - / 1은 1번

승객 다음에 새로운 승객의 성명을 입력하는 것을 의미하며 여정 작성에서도 / 2
는 2번 여정 다음에 새로운 여정을 입력하는 것을 의미한다.

4. 승객성명의 순서정열(Sorting)

예약기록(PNR)에 승객의 성명이 너무 많아 해당 승객의 이름을 찾기가 어려
울 때 승객의 성명을 ABC순으로 재배열하여 화면에 보여준다. 이때 ABC순으
로 재배열된 승객의 성명은 예약기록(PNR)에서 실제로 변경된 것이 아니라 승
객의 성명을 쉽게 찾을 수 있도록 일시적으로 변경하여 정리해준 것이다. 다시
"*R"를 하여 화면을 재정리하면 원래 상태로 되돌아간다. 승객의 성명을 ABC순
으로 재배열한 지시어는 "*NS"이다. NS는 Name Sorting의 약자이다.

*NS

승객성명의 순서정열 요청창
1.1JEONG/YUNHIMRS 2.I/1JEONG/CHANUNGMR 3.I/1JEONG/
JAEBINMISS 4.1 WI/SANGBAEMR 5.1 PARK/MIRANMRS 6.1 KIM/
KYONGMIMR
NO ITIN
AP FAX-OSIYY 1INF 18MON
▶*NS↵
2.I/1JEONG/CHANUNGMR 3.I/IJEONG/JAEBINMISS 1.1JEONG/
YUNHMRS 6.1 KIM/KYONGMIMR 5.1 PARK/MIRANMRS 4.1WI/
SANGBAEMR
▶

제2절
Itinerary Field(여정) 작성 실무실습

1. Itinerary Field(여정)의 작성

1) 여정의 정의

승객의 여행을 위한 항공예약구간, OAL(Other Airline) 구간의 예약, 기타 교통편으로 여행하는 구간(이를 GAP라 하고 ARNK-Arrival Unknown 으로 표시) 및 호텔, 렌터카 등의 예약을 모두 합하여 여정이라 한다. 특히 항공여정을 작성할 때 전체 여정은 시간의 연속성과 구간의 연속성이 맞아야 하며 각각의 항공여정의 좌석 수는 사람 수와 동일해야 하며 여정을 구성하는 모든 탑승구간(SEG)의 좌석수가 같아야 하며, 또한 연결편의 예약 시에는 최소연결시간을 고려하여 예약을 하여야 한다.

2) 여정의 구성요소

① 항공여정(Air Segment)
승객이 비행편을 이용하여 한 지점에서 다른 지점으로 이동하는 여정

② 부대여정(Auxiliary Segment)

승객의 여행과 관련된 항공여정을 제외한 제반 기타 예약으로 호텔, 렌터카, 기타 교통편의 예약 등이 있으며, 부대 여정은 항공편 예약에 따르는 부수적인 서비스이므로 항공여정이 없이 부대여정으로만 이루어진 PNR작성은 불가능하다.

③ 비항공 운송구간인 ARNK(Arival Unknown)

항공편외의 운송수단으로 여행하는 구간(Gap)을 나타내기 위하여 사용된다.

3) 여정작성 시 주의사항

① 전체 여정은 시간의 연속성과 구간의 연속성에 맞추어 작성해야 한다.
② 각각의 항공여정의 좌석 수는 동일해야 한다.
③ 연결편의 예약 시는 최소연결시간(거의 2시간 정도)을 고려하여 비행편을 선택하여야 한다.

4) 여정 작성의 방법

CRT 예약 작업을 할 때는 CRT에서 다른 업무를 하고 있었는지를 먼저 확인하고 작업에 들어가야 한다. 왜냐하면 CRT는 작업을 하다 중단하면 일정시간 후 화면에서 하던 작업이 사라지는데 이때 그 내용이 없어진 것이 아니고 하면에서 잠시 지워진 것뿐이므로 그대로 다른 작업을 하면 두 가지 작업이 중복되어 작업을 다시 해야 하는 불편함을 초래하게 된다. 따라서 이런 것을 사전에 방지하기 위해서는 CRT를 사전에 확인해야 한다. 또한 작업 중이었던 상태에서 "I"를 시키지 않고 작업을 하게 되면 새로운 작업과 기존 작업이 같이 혼합되어 버리기 때문에 주의를 해야 한다. 따라서 꼭 새로운 작업을 하기 위해서는 "I"를 꼭 시키고 하여야 한다.

2. 항공여정의 작성

항공여정을 작성하기 위해서는 먼저 여행할 구간의 해당일자 어베일러빌러티 (AVBLTY)를 조회한 후 시간, 좌석상태를 파악하여 적절한 항공편을 선택하는 방법과 해당구간을 운항하는 항공편을 직접 입력하는 DSE(Direct Segment Entry) 방법 등 2가지가 있다.

(1) AVBLTY를 이용한 여정 작성

승객이 여행구간의 좌석을 요청한 경우 먼저 항공시간표를 조회하여 본 후 날짜와 시간이 결정되면 해당 날짜의 AVBLTY를 조회하여 해당 항공편의 좌석을 예약한다.

```
A13JANICNBKK ↵
```

서울(ICN) – 방콕(BKK) 구간의 **AVBLTY** 조회 응답화면
▶A13JANICNBKK↵
12JAN SAT 1200 ICN-BKK BANGKOK. TH   NTE
1*ICN BKK 13-1015 1405 J2 C4 S0 Y4 M4 Q0 B0   TG 659 330 0 502
2 ICN BKK 13-1600 2010 C9 I9 W9 Y9 K9 M9 L9 H9 KE 651 333 0 502
X9 Q9 S9 B9 V9 GR U9 Z5
3 ICN BKK 13-1940 2340 C0 I0 W9 Y9 K9 M9 L9 H9 KE 653 773 0 502
4@ICN BKK 13-2020 0030 * 1C*Y*K*B*V*H*G*S*   OZ 343 767 0 502
T*Q*
5*ICN BKK 13-0900 1445 J2 C4 S0 Y4 M4 Q0 B0   TG 639 330 1
6*ICN BKK 13-1050 1645 J2 C4 S0 Y4 M4 Q0 B0   TG 629 777 1
▶

가. DIRECT FLIGHT(직행편)

직행편은 비행기를 갈아타지 않고 목적지까지 한 번에 가는 것으로 도중체류 (Stopover)를 하거나 또는 갈아타지 않고 직접 목적지까지 비행하는 경우를 말한다.

| A16JANICNNRT ↵ | 항공출발날짜와 출발지와 도착지 |

| N2Y1 ↵ | 좌석 및 라인번호 지정 |

```
                서울(ICN) – 도쿄(NRT) 구간의 AVBLTY 조회 응답화면
▶A16JANICNNRT↵
16JAN TUE 1200 ICN - BKK BANGKOK.TH                            NTE
1*ICN  NRT 1110 1345    J2 C4 S4 Y4 M4 Q4 B4      NW 659    747 0 502
2@ICN  NRT 1120 1335    P4 A0 J4 D0 Y9 M0 Q9      KE 703    744 0 502
3 ICN  NRT 1130 1340    C9 I9 W9 Y9 K9 M9 L9      NH6974    767 0 502
                        Q2 S9 B9 V9 GR U9 Z5
**OPERATED BY ASIANA AIRLINES
4@ICN  NRT 1130 1340 C*Y*K*B*V*H*G*S*T*           OZ1043    767 0 502
5/ICN  NRT 1210 1430 J2 C4 S0 Y4 M4 Q0 B0         UA 820    744 0 502
▶N2Y1↵
1 NW 659 Y TU 16JAN ICNNRT SS2 1110 1345 LR
**NON SMOKING FLIGHT LEG
▶*R↵
NO NAMES
1 NW 659 Y TU 16JAN ICNNRT SS2 1110 1345 LR
NO DATA
▶
```

① N2: N은 NEED의 약자이고 2는 요청 좌석수다.
② Y1: Y는 클래스의 종류이고 1은 라인번호이다.
③ *R: PNR을 다시 정리함

나. Connecting Flight(연결편)

연결편은 비행기가 목적지까지 당일 운항하지 않거나 운항하더라도 중간까지만 운항하여 연결편인 다른 비행기로 갈아타고 목적지까지 가야 하는 경우이다. 이 경우 좌석 클래스가 다른 경우와 좌석 클래스가 같은 경우 각기 예약방법이 다르다.

A. 연결편의 좌석의 클래스가 같은 경우

A4JANICNDLC ↵

N2C4* ↵

서울(ICN) – 대련(DLC) 구간의 **AVBLTY** 이용한 연결편 예약 응답화면
▶A4JANICNDLC ↵
4JAN THU 1200 ICN-DLC DALIAN.CN   NTE
1 ICN DLC 4-1225 1225 F2 Y9   CJ 686 M82 0
2 ICN NRT 4-1120 1330 F0 C0 I0 W0 Y0 K0 M0 H0   KE 001 744 0   502
B0 L0 X0 Q0 S0 V0 GR U0
3/   DLC 4-1700 1850 F2 C3 WR YR BR HR MR NR   CA 952 74E 0
KR LR
4@ICN NRT 4-1145 1355 F4 C4 Y0 B0 V0   NH7048 744 0   127
**OPERATED BY UNITED A L
5/   DLC 4-1700 1850 F2 C3 WR YR BR HR MR NR   CA 952 74E 0
KR LR
▶N2C4*↵
1 NH7048 C TH 4JAN ICNNRT HS2 X 1145 1355 DS
NH SYSTEM
2 CA 952 C TH 4JAN NRTDLC SS2 1700 1850
SOLD FROM-TOPAS-STATUS
▶*R↵
NO NAMES
1 NH7048 C TH 4JAN ICNNRT HS2 X 1145 1355 DS
** OPERATED BY UNITED A L
2 CA 952 C TH 4JAN NRTDLC SS2 1700 1850
NO DATA
▶

① N(좌석수) K (라인번호) * ⇒N2K5*
② N2: N은 NEED 의 약자이고 2는 요청 좌석수
③ K5*: 5번과 6번 라인이 모두 K클래스
④ *R: 응답한 내용을 예약기록상에서 화면 재정리

B. 연결편의 좌석 클래스가 같지 않은 경우

A4JANICNDLC ↵

N2C4F5 ↵

서울(ICN) - 대련(DLC) 구간의 **AVBLTY**를 이용한 연결편 예약 응답화면
▶A4JANICNDLC↵
4JAN THU 1200 ICN-DLC DALIAN.CN   NTE
1 ICN DLC 4-1225 1225 F2 Y9   CJ 686 M82 0
2 ICN NRT 4-1120 1330 F0 C0 I0 W0 Y0 K0 M0 H0 KE 001 744 0   502
B0 L0 X0 Q0 S0 V0 GR U0
Z0
3 / DLC 4-1700 1850 F2 C3 WR YR BR HR MR NR   CA 952 74E 0
KR LR
4@ICN NRT 4-1145 1355 F4 C4 Y0 B0 V0   NH7048 744 0   127
** OPERATED BY UNITED A L
5 / DLC 4-1700 1850 F2 C3 WR YR BR HR MR NR   CA 952 74E 0
KR LR
▶N2C4F5↵
1 NH7048 C TH 4JAN ICNNRT HS2 X 1145 1355 DS
** NH SYSTEM **
2 CA 952 F TH 4JAN NRTDLC SS2 1700 1850
SOLD FROM-TOPAS-STATUS
▶*R↵
NO NAMES
1NH7048 C TH 4JAN ICNNRT HS2 X 1145 1355 DS
S** OPERTED BY UNITED A L
2CA 952 F TH 4JAN NRTDLC SS2 1700 1850
NO DATA
▶

① N(좌석수) K(라인번호)V(라인번호) ⇒ N2C4F5
② N2: N은 NEED 의 약자이고 2는 요청 좌석수
③ C4F5: C는 클래스종류이며 4는 라인번호, G는 클래스의 종류이고 5는 라인번호
④ *R: 응답한 내용을 예약기록상에서 화면 재정리

(2) Direct Segment 여정 작성방법

DSE를 이용한 여정작성 방법은 승객이 요청한 여행구간의 출발일, 항공사명, 항공편명, 예약클래스 등을 명확하게 숙지하고 있는 경우에 AVBLTY를 조회하지 않고 직접 해당 항공편의 좌석을 요청하여 예약하는 방법이다.

0SQ017J12DECICNSINNN2

Direct Segment 여정 입력 응답화면
0SQ017J12DECICNSINNN2↵ ①② ③ ④　 ⑤ ⑥ ▶0SQ017J12DECICNSINNN2↵ 1 SQ 17 J TU 12DEC ICNJIN HS2 1825 0005 DS **SQ SYSTEM** ▶*R↵ NO NAMES 1 SQ 17 J TU 12DEC ICNSIN HS2 1825 0005*1 DS NO DATA ▶

① 0: DSE 방식으로 입력하기 위한 지시어
② SQ017: 항공편명　　　　　　　　③ J: 예약좌석클래스
④ 12DEC: 출발날짜　　　　　　　⑤ ICNSIN: 비행기 운항 구간
⑥ NN2: 좌석을 요청하는 예약요청코드(2좌석)

가. 요청한 좌석이 가능하지 않은 경우

A. 대기자 명단 예약

요청한 비행편의 해당 예약 클래스(Booking Class)의 좌석이 전혀 없어 대기자명단(Waitlist)에만 예약이 가능한 경우에는 아래와 같이 다른 예약 클래스 또는 다른 항공편을 선택할 수 있도록 예약 가능편이 화면에 나타난다.

```
0SQ017J12DECICNSINNN2
```

대기자 명단의 예약이 가능한 경우 응답화면
▶0SQ017J12DECICNSINNN2↵
1 SQ 17 J TU 12DEC ICNSIN HL2 1825 0005 DS
SQ SYSTEM
HANDPHONE INFO-DTLS IN DR/NEW/3/1 HANDPHONE RENTAL SERVICE
▶

B. 대기자 명단도 예약 불가능한 경우

```
0SQ017J12DECICNSINNN2
```

대기자 명단도 예약 불가능한 경우 응답화면
▶0SQ017J12DECICNSINNN2↵
UNABLE WL CLOSED
▶

3. RESERVATION CODE(예약코드)

항공좌석을 예약하기 위하여 컴퓨터 예약시스템에 유지되어 있는 좌석재고 (Inventory)를 일련의 코드를 통해서 요청하고 이에 대한 해당 항공사의 응답을 받아 좌석의 상태를 유지하는 형태로 이루어진다. 타 항공사의 비행편에 대한 좌석 요청도 동일한 절차에 따라 운영되며 이는 전 세계 항공사가 공통적으로 사용하도록 코드를 IATA에서 정해놓고 있다.

항공예약코드는 Action Code(요청코드), Advice Code(응답코드), Status Code(상태코드)로 3종류로 나누어지며 요청코드는 여행사가 항공사에게 의뢰를 하는 코드로 좌석을 완전하게 확약받은 상태는 아니다 또한 응답코드는 항공사에서 여행사에게 좌석의 상태를 알려주는 역할 코드이다.

1) 예약코드의 흐름도

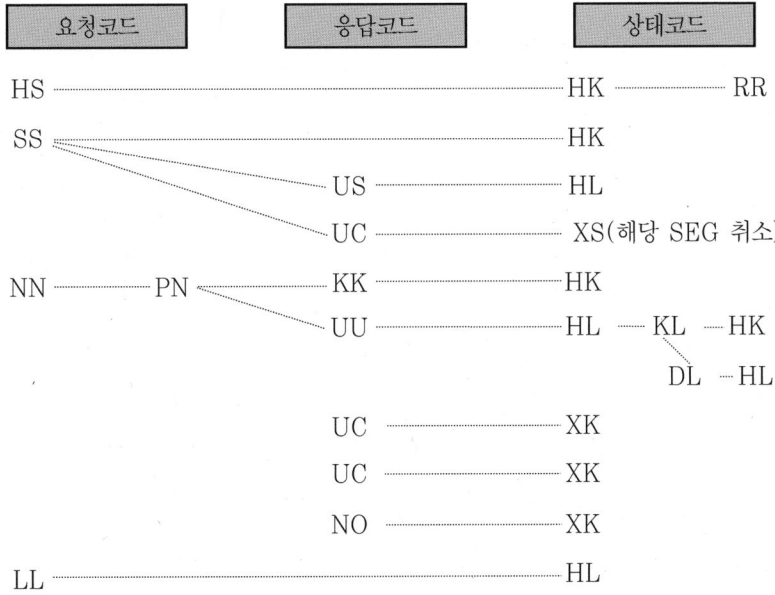

요청코드	응답코드	상태코드
HS	HK	RR
SS	HK	
	US	HL
	UC	XS(해당 SEG 취소)
NN ── PN	KK	HK
	UU	HL ── KL ── HK
		DL ── HL
	UC	XK
	UC	XK
	NO	XK
LL	HL	

2) 예약상태 코드로의 변경

(1) 수동 정리

.1HK ↵

※ . : 기본부호
　1: 해당 SEG Number
HK: 변경하고자 하는 상태 코드

(2) 자동 정리

EW ↵	또는	EWR ↵
(상태코드 자동 정리+PNR 저장)		(상태코드 자동 정리+PNR 저장+PNR 조회)

예약 상태 코드변경 응답화면
1. 1LEE / KYNGAEMS
QHDKEEB 10JUL JSDHPS / 7478989
1. KE 651 J TU 12DEC ICNSIN <u>WK1</u>   1825 0005   DS
2. KE 651 K WE 12DEC ICNSIN <u>SC1</u>   1605 0005   DS
3. KE 651 K SA 14DEC ICNSIN HK1   1825 0005   DS
FONE-QHD-T 456-7891 KYOWON LEE / NAMWOO
▶

(1) 수동 정리

(2) 자동 정리

.2HK ↵

X1 ↵

E ↵

EW ↵

또는

EWR ↵

예약 상태 코드변경 응답화면
1. 1LEE / JUNGIMMS ↵
IC3KEC3 20JUN IT45SJ / 7458910
1. KE 17 M TU 1SEP ICNLAX HK1 1500 1030   CAB Y
2. KE 12 M WE 12SEP LAXICN KL1   0030 0520*1 CAB Y
3. KE 651 K SA 14DEC ICNSIN HK1   1825 0005   DS
FONE-QHD-T 456-7891 KYOWON LEE / NAMWOO
▶

※ KL 상태를 HK로 24시간 안에 바꾸어 주지 않으면 다시 대기자로 되어 버리기 때문에 꼭 변경을 해주어야 한다. 특히 좌석상태가 어려운 대기 상태였더라면 반드시 변경을 해 주어야 한다.

〈표 4-2〉 Reservation Code(예약코드) 보기

구분	명칭	내용
요청코드	NN	탑승하려는 항공편의 좌석 요청 혹은 기내 특별서비스 요청 시 사용 코드
	LL	탑승하려는 항공편의 좌석이 다 판매되어 대기자 명단 예약 시 사용 코드
	SS	최초의 항공사가 선판매, 후보고 협정이 체결되어 다른 항공사 항공 좌석에 대해 승객에게 확약을 해주었음을 통보하는 코드
	HS	HAVE SOLD, 즉 좌석을 판매한 상태
	XK	해당 항공사로는 취소전문을 전송하지 않고 TOPAS PNR 상에만 해당 여정 취소
	OX	이미 확보된 탑승구간 좌석은 그대로 두고 대체편으로 변경해 달라는 조건부 취소코드, 동일한 항공사의 운항구간 중 다른 운항시간이나 운항일을 이용하고자 할 때 사용하는 코드
응답코드	KK	예약을 의뢰한 좌석이 확실히 확보되었음을 통보 시 사용하는 코드
	UU	요청된 좌석이 현재에는 불가능하여 대기자 명단에 기록되었음을 통보하는 코드
	US	선판매, 후보고 계약 시 다른 항공사에 좌석을 요청하였으나 좌석이 없어 대기자 명단 통보 코드
	UC	요청된 좌석의 예약이 불가능하며, 대기자도 불가능함을 통보하는 사용 코드
	UN	요청한 항공편이 운항을 하지 않거나 요청한 서비스가 제공되지 않음을 통보하는 코드
	NO	요청한 내용이 불명확, 예약규정을 위반하여 예약 요청을 받은 항공사가 어떤 조치를 취하지 않았음을 나타내는 코드
	KL	대기자 명단에 있던 승객이 대기자로부터 좌석이 확보되었을 시 사용하는 코드
	HX	항공사에 의해 여정이 취소되었음을 나타내며, 주로 T/L, NAME CHNG, ADD INFO 부재 등 예약규정에서 벗어난 예약 경우
상태코드	HK	요청한 좌석이 확약되어 예약이 완전하게 이루어진 상태를 나타내주는 코드 ("E"를 치면 예약기록이 만들어지면서 HS가 HK로 변경된다)
	HL	요청한 예약이 대기자 명단에 올려져 있는 상태를 나타내는 코드
	RR	여행자, 여행사의 요청코드로 이미 확보된 예약을 다시 재확인한 상태를 나타내 주는 코드
기타	PN	타 항공사의 좌석을 NN으로 요청한 경우 응답이 오기 전까지 유지되는 코드
	WK	KE 항공편의 스케줄 변경상황을 통보하기 위한 코드
	SC	KE 항공편의 스케줄 변경상황을 통보하기 위한 코드(변경된 후에 새로운 스케줄을 나타낸다.)
	PA	우선대기자로 예약 시 사용하는 코드
	DL	대기승객의 좌석이 OK가 되어 KL 응답코드로 왔음에도 불구하고 "EW"또는 "EWR"를 쳐서 HK 상태코드로 바꾸어 주지 않아서 다시 대기자 명단으로 되돌려진 상태를 나타내는 코드

제3절
Segment Continuity(여정의 연속성)
실무실습

항공여정은 항상 연속성의 원칙에 의해서 작성되어야 하고 이러한 연속성이 이루어지지 않으면 에러 메시지와 함께 예약기록이 완료되지 않는다. 연속성은 시간의 연속성과 구간의 연속성으로 구별된다.

1. 시간의 연속성 주의사항

가. 각 여정(Segment)의 출발일은 바로 앞 여정의 도착일과 같다거나 늦어야 한다. 단 날짜 변경선의 서쪽에서 동쪽으로 넘어가는 경우-1일까지 허용된다.

```
                  호주(SYD) - 하와이(HNL) 구간의 시간의 연속성 응답화면
▶*R↵
1. 1JANG / YANGLAEMS
IC3KES3 10APR VCJBE4 / 233-9141
1 UA3288 Y MO 10APR  SYDHNL HK1 1015 2305-1 DA
  **OPERARED BY AIR CANADA
2 UA3189 Y TU 31DEC  HNLSYS  HK1 0025 0800*1 DA
  **OPERARED BY AIR CANADA
FONE-ZR8-T 061-740-7189 TOPAS HJ / KIM
2. IC3-H 02-726-6841
GEN FAX-OSIKE  RSVN NBR IS 7407189
▶
```

　나. 각 여정(Segment)의 출발일이 바로 앞 여정의 도착일과 같을 경우에는 도착
시간과 다음 여정의 출발시간 사이의 최소연결시간(MCT: Minimum Connecting
Time)을 확인하여 최소연결시간 이상의 차이가 있어야 된다.

```
                          시간의 연속성 예제 응답화면
1. 1JANG / YANGLAEMS ↵
1 CX 417 Y MO 25DEC  ICNHKG HS1 1015 1325        DS
2 SQ 859 J MO 25DEC  HKGSIN HS1 1330 1710        DS
3 SQ 882 Y FR 29DEC  SINICN HS1 2350 0655*1      DS
FONE-ZR8-T 740-7189
▶E↵
  RECOMMENDED RSVN NBR IS NIL
PRESS ENTER KEY OR INPUT NEW RSVN NBR
▶E / ↵
MIN CONNX TIME SEG 2 AT HKG 1.00
▶
```

　※ 용어해설: MIN CONNX TIME SEG2 AT HKG 1.00 / 홍콩에서 최소연결시간
　　(MCT)이 1시간이나 본 예약편은 HKG가 5분 경유시간밖에 없기 때문에 비행기를
　　갈아타기엔 시간이 맞지 않는다. 이를 위해서 다시 시간의 연속성을 맞추는 예약을 하
　　여야 한다.

다. 각 도시별 MCT 확인방법

SM*HKG ↵

각 도시별 MCT 입력 응답화면											

```
MINCT      HKG HONG KONG.. HG              / 1.00-2.00 /
 APT   TML D/I   ALC  FRM EQP * APT   TML D/I ALC TO EQP
TIME
1 HKG   - - -     - * HKG   - - -     -   -   1.00
2 HKG   - - - KHH  - * HKG   - - -   CN   -   2.00
  HKG   - - -  CN  - * HKG   - - -  KHH   -   2.00
3 HKG   - - - TPE  - * HKG   - - -   CN   -   2.00
  HKG   - - -  CN  - * HKG   - - -  TPE   -   2.00
4 HKG   - - - TSA  - * HKG   - - -   CN   -   2.00
  HKG   - - -  CN  - * HKG   - - -  TSA   -   2.00
▶
```

① 1.00-2.00: 가장 짧은 연결시간과 가장 긴 연결시간
② APT: 출 / 도착 공항(AIRPORT)
③ D / I: DOMESTIC / INTERNATIONAL
④ ALC: AIRLINE CODE
⑤ FRM: ORGIN 도시나 국가코드 또는 비행편수
⑥ EQP: EQUIPMENT
⑦ *: *를 기준으로 왼편은 해당도시 도착의 경우, 오른편은 해당도시에서의 출발
⑧ TO: DESTINATION 도시나 국가 코드 또는 비행편수
⑨ TIME: 적용되는 MCT(최소연결시간)

2. 구간의 연속성

각 여정의 출발지는 바로 전 여정의 도착지와 일치하여야 한다. 만일 일치하지 않으면 구간의 연속성이 맞지 않아 PNR이 작성되지 않는다. 단, 공항이 여러 개 있는 도시의 공항코드는 같은 도시로 간주하여 구간의 연속성이 맞는다.

```
                         구간의 연속성 입력 응답화면
1. 1JANG / YANGLAEMS ↵
1 CX 417 Y MO 25DEC ICNHKG HS1   1015 1325    DS
2 SQ 859 J MO 25DEC  HKGSIN HS1   1230 1510    DS
   FONE-ZR8-T 725-6628
▶E↵
SEG C ONTITUITY SEG2 ①
▶
```

※ 용어해설: SEG CONTIUITY SEG2의 2번 여정이 구간 연속성에 맞지 않음

3. 여정의 연속성

여정의 연속성이란 출발지와 도착지가 계속 맞아 떨어져야 하는데 그렇지 못한 경우를 말하며 예를 들면 승객이 첫 기착지가 영국으로, 그 다음 여정지는 영국이 출발지가 되어야 하나 승객이 다른 운송기관을 이용하여 이동하여 영국이 아닌 프랑스에서 출발할 수 있다는 것이다. 그런 경우 여정이 맞지 않은 경우에 해당되며 이 경우에 어랭크(ARNK)나 미확정구간예약(오픈예약)으로 연속성을 맞추어 주어야만이 PNR을 완성할 수 있다.

1) ARNK(Arrival Unknown) 어랭크 여정 삽입

승객이 항공편을 이용하지 않고 다른 운송기관을 이용하여 이동하는 비항공운송구간(Surface Segment)이 발생하여 구간의 연속성이 맞지 않으면 비항공운송구간에 어랭크(ARNK)를 삽입하여 여정의 연속성을 맞추어 주어야 한다.

```
┌─────────────────────────────────────────────────────────────┐
│                  ARNK Segment 입력화면                        │
│ 1. 1JANG / YANGLAEMS ↵                                        │
│ 1. KE 705 K SA 25NOV ICNLON HS1 0930 2030 CABIN Y            │
│ 2. KE 608 K FR 29NOV CDGICN HS1 1000 2130 CABIN Y            │
│ FONE-ZY7-H-520-5183 PAX                                       │
│ ▶E↵                                                           │
│   RECOMMENDED RSVN NBR IS 728-5558                            │
│ PRESS ENTER KEY OR INPUT NEW RSVN NBR                         │
│ ▶                                                             │
└─────────────────────────────────────────────────────────────┘
```

┌───────────────────────────────┐
│   / 1 ↵   │   1번 SEGMENT 다음에 입력
└───────────────────────────────┘
┌───────────────────────────────┐
│   0A ↵   │   어랭크(ARNK)의 삽입 지시어
└───────────────────────────────┘

```
┌─────────────────────────────────────────────────────────────┐
│         여정의 연속성(ARNK: ARRIVAL UNKNOWN)의 입력 응답화면    │
│ 1. 1JANG / YANGLAEMS ↵                                        │
│ 1 CX 417 Y MO 25DEC ICNHKG  HS1  1015  1325      DS          │
│ 2 SQ 882 Y FR 29DEC SINICN  HS1  2350  0655*1  DS            │
│ FONE-ZR8-T 062-520-5043                                       │
│ ▶NEXT FOLLOWS 1↵                                             │
│ ▶ARNK↵                                                       │
│ ▶*R↵                                                         │
│ 1. 1JANG / YANGLAEMS                                          │
│ 1 CX 417 Y MO 25DEC ICNHKG HS1 1015 1325 DS                  │
│ 2 ARNK                                                        │
│ 3 SQ 882 Y FR 29DEC SINICN HS1 2350 0655*1 DS                │
│ FONE-ZR8-T 725-6053                                           │
│ ▶E↵                                                          │
└─────────────────────────────────────────────────────────────┘
```

4. Open Segment(미확정 구간)의 예약

Open Segment(미확정 구간)의 예약이란 해당구간의 실제 좌석예약이 아
닌 가상의 여정을 예약하는 것으로 승객이 항공사 및 여행일자를 확정하지 않아
미확정 구간이 발생할 경우 여정의 연속성을 맞추기 위하여 미확정 구간의 예약

을 한다. 단 승객이 미확정 구간이 있음에도 왕복항공권을 희망할 경우 발권하기 위하여 미확정 구간 예약을 한다. 또한 미확정이 가능한 요소로는 항공사, 날짜, 편수가 가능하며 미확정 구간의 예약은 Direct Segment 방식을 이용하여 여정을 작성하여야 한다. 여정 작성 시 주의해야 할 점은 첫째, 항공사가 미확정일 경우 항공사 코드를 YY로 쓰며, 둘째, 항공편이 미확정일 경우 항공편을 0으로 쓴다. 셋째, 여행일자가 미확정일 경우 입력하지 않으며, 넷째, 예약코드를 미확정 예약 시 에는 요청코드를 항상 QQ로 쓰면 된다. 또한 미확정구간의 예약방법 시 유의해야 할 점은 여정의 탑승구간(SEG)이 미확정인 경우에는 반드시 특정 일자를 지정하여야 하며, 예약클래스, 도시코드는 가상의 것을 사용하지 말아야 하며, 항공사코드는 실제 항공사 코드 또는 YY만을 사용해야 한다. 마지막으로 항공사 코드가 지정되었을 경우에는 해당 항공사가 해당구간을 운항해야 한다.

1) Dse(Direct Segment Entry)를 이용한 미확정 구간의 예약방법

가. 항공사, 항공편, 여행일자가 미확정인 경우

　　① 항공사는 임의항공사 YY로

　　② 항공편명은 0으로 입력

　　③ 여행일자는 입력하지 않음

0 YY0 K ICNLAX QQ2 ↵

부킹 CLASS와 여정 구간은 꼭 있어야 함

DSE를 이용한 미확정구간 입력 응답화면
1. 1JANG / YANGLAEMS ↵ 1 KE 625 Y MO 10FEB ICNLAX HS1 1015 2025 DS 2 YY 0　Y　　　　LAXICN QQ2 FONE-ZR8-T 520-5043 ▶E↵

나. 여행일자를 지정한 미확정인 경우

　　① 항공사는 임의항공사 YY,

　　② 항공편명은 0으로 입력

---

0 YY0 Y 29DEC ICNHKG QQ1 ↵

DEC를 이용한 미확정구간 입력 응답화면
1. 1JANG/YANGLAEMS ↵
1 CX 417 Y M0 25DEC ICNHKG HS1 1015 1325 DS
FONE-ZR8-T 723-8910
2 YY 0 Y MO 29JAN HKGICN QQ1
▶E↵

다. 항공사를 지정한 미확정 예약

　　① 항공사는 지정항공사 코드(CX)

　　② 항공편명은 0으로 입력

　　③ 여행일자는 입력하지 않음

---

0 CX 0 Y HKGICN QQ1 ↵

DSE를 이용한 미확정구간 입력 응답화면
1. 1JANG/YANGLAEMS ↵
1 CX 417 Y MO 25DEC ICNHKG HS1 1015 1325 DS
FONE-ZR8-T 725-8911
2 CX 0 Y HKGICN QQ1
▶*R↵
1. 1JANG/YANGLAEMS ↵
1 CX 417 Y MO 25DEC ICNHKG HS1 1015 1325 DS
2 CX 0 Y   HKGICN QQ1
FONE-ZR8-T 725-8910
▶E↵

라. 항공사 및 여행일자를 지정한 미확정 예약

　　① 항공사는 지정항공사 코드(CX)

　　② 항공편명은 0으로 입력

　　③ 여행일자는 지정일월 입력(29DEC)

```
0 CX 0 Y 29DEC HKGICN QQ1 ↵
```

DSE를 이용한 미확정구간 입력 응답화면
1. 1JANG / YANGLAEMS ↵
1 CX 417 Y MO 25DEC ICNHKG HS1 1015 1325 DS
FONE-ZR8-T 725-6003
2 CX　0　Y FR　29DEC HKGICN QQ1
▶*R↵
1. 1JANG / YANGLAEMS
1 CX 417 Y MO　25DEC ICNHKG HS1 1015 1325 DS
2 CX 0　　Y FR　29DEC HKGICN QQ1
FONE-ZR8-T 725-6003
▶E↵

5. 여정 연속성 예외사항

1) 부대여정

　호텔, 투어, 렌터카 등의 예약을 위한 부대여정(Auxilary Service Segment)은 구간의 연속성에서 제외된다. 그러나 시간의 연속성은 맞아야 한다.

여정 연속성의 예외(부대여정) 입력 응답화면
1. 1JANG / YANGLAEMS ↵
1. KE 702 W SA 18NOV ICNKIX HS1 0930 1130 CABIN Y
2. KE   HTL SA 18NOV YOK   NN1 OUT19NOV SGLB HILTON
3. KE 721 W SU 23NOV KIXICN HS1 1000 1200 CABIN Y
FONE-ZY7-H 520-5183 PAX
▶E↵
RECOMMENDED RSVN NBR IS 724-3338
PRESS ENTER KYE OR INPUT NEW RSVN NBR
▶

2) 동일구간의 이중예약

동일구간에 대한 이중예약(Duplicated Booking)은 구간의 연속성에서 제외된다.

여정 연속성의 예외(동일구간의 이중예약) 입력 응답화면
1. 1JANG / YANGLAEMS ↵
1. KE 702 W SA 18NOV ICNKIX HS1   0930 1130 CABIN Y
2. KE   HTL   SA 18NOV Y OK   NN1 OUT19NOV SGLB HILTON
3. KE 704 W SA 18NOV ICNKIX HS1   1000 1200 CABIN Y
FONE-ZY7-H 520-5183 PAX
▶E↵
RECOMMENDED RSVN NBR IS 725-6633
PRESS ENTER KEY OR INPUT NEW RSVN NBR
▶

3) I(Ignore)지표가 있는 여정(Segment)

Ignore Indicator가 있는 여정(Segment)은 여정의 연속성에서 제외된다.

여정 연속성의 예외(IGNORE 지표가 있는 여정) 입력 응답화면
1. 1JANG / YANGLAEMS ↵
1. KE 618 K SA 25NOV ICNHKG HS1　 0930 1130 CABIN Y
2. KE 608 K FR 24NOV HKGICN HS1 I 1000 1130 CABIN Y
FONE-ZY7-H-520-5183 PAX
▶E↵
RECOMMENDED RSVN NBR IS 728-5558
PRESS ENTER KEY OR INPUT NEW RSVN NBR
▶

※ 용어해설: 2번 SEG에 I(Ignore) 입력: .2I
　　　　　　 2번 SEG에 I(Ignore) 해제: .2S

제4절
여정의 취소 및 변경 실무실습

1. 여정의 취소방법

잘못 작성된 일부 여정을 취소하기 위해서는 해당 SEG의 번호를 사용하여 취소하며, 여정 하나만을 취소할 경우에는 "X"만을 사용하나 한 개 이상의 여정을 취소할 때는 "XI"를 사용하며, 한 개의 여정만을 남기고 취소할 경우에는 "XIX"를 사용한다. 그리고 전체여정을 취소 할 경우는 "XI"를 사용하며, 여정 취소 시 주의할 점은 첫째, 여정을 잘못 작성하여 취소하였을 때는 여정의 연속성에 맞추어 새로 예약하여야 하며, 둘째, 여정의 취소에 따른 라인번호의 변경을 여정의 연속성에 맞추어 새로 조정하여야 한다.

1) 전체여정의 취소

XI ↵

전체여정 취소 입력 응답화면

```
NO NAMES
1 KE 17 M  SU 1SEP      ICNLAX   HS1     1500 1030       CAB   Y
2 KE 12 M  TU 10SEP     LAXICN   HS1     1030 0520*1     CAB   Y
NO DATA
▶XI↵
ITIN CXLD
▶*R↵
NO NAMES
NO ITIN
NO DATA
▶
```

2) 일부여정의 취소방법

① 작성한 여정을 확인하고 취소할 라인을 결정
② 3번 여정을 취소하고자 할 경우 취소 지시어인 X3(X 취소 명령어 3 라인번호)을 입력
③ DSE나 어베일러빌리티를 이용하여 새로운 여정을 삽입하고 *R을 하여 화면을 재정리하여 확인

```
                        X3 ↵
```

일부 여정의 취소 입력 응답화면

```
NO NAMES
1 KE  17   M  SU  28JUL   ICNLAX   HS1  1500 1030      CAB  Y
2 DL  1998 Q  SU  28JUL   LAXATL   HS1  1255 2029      DA
3 DL  62   Q  TU  30JUL   ATLJFK   HS1  1400 1615      DA
4 KE  82   M  SA  24AUG   JFKICN   HS1  1330 1700*1    CAB  Y
NO DATA
▶X3↵
NEXT REPLACES 3
▶*R↵
NO NAMES
1 KE  17   M  SU  28JUL   ICNLAX   HS1  1500 1030      CAB  Y
2 DL1998   Q  SU  28JUL   LAXATL   HS1  1255 2029      DA
3 KE  82   M  SA  24AUG   JFKICN   HS1  1330 1700*1    CAB  Y
NO DATA
▶
```

※ 용어해설: 현재 3번 SEG가 취소되었음을 의미하며 이때 *R로 화면을 정리하게 되면
4번 SEG가 3번 SEG로 올라가 정리되므로 3번 SEG를 대체할 여정은 4번 SEG로
잡힌다. 이 경우 SEG 순서를 조정해야 하는 작업이 필요하게 되므로 일부 여정 취소
후에는 화면정리 *R하지 않는 상태에서 대체편 예약을 한 후 화면 정리 *R를 하는 것
이 좋다.

```
  0DL246QTU31AUGATLJFKNNA ↵
```
여정의 연속성에 따라 좌석 1개

를 다시 요청함

여정의 연속성 입력 응답화면

```
NO NAMES
1 KE  17   M  SU  28JUL   ICNLAX   HS1  1500 1030      CAB  Y
2 DL  1998 Q  SU  28JUL   LAXATL   HS1  1255 2029      DA
3 DL  246  Q  TU  31JUL   ATLJFK   HS1  1400 1615      DA
4 KE  82   M  SA  24AUG   JFKICN   HS1  1330 1700*1    CAB  Y
NO DATA
▶
```

2. 여정의 순서 조정방법

```
                       여정의 순서조정 입력 응답화면
▶*R↵
NO NAME
1 KE  703 W WE 27OCT  ICNNRT  HS1  1120 1335    CAB  Y
2 KE  12  W TH 7NOV   LAXICN  HS1  0030 0545*1 CAB  Y
3 KE  1   W SA 30NOV  NRTLAX  HS1  1355 0800    CAB  Y
NO DATA
▶
```

※ 용어해설: 일부 여정이 순서가 맞지 않아 여정을 조정해야 하는 경우 사용하는 방법이
  며, 위 여정은 SEG 2번과 SEG 3번이 순서가 바뀐 경우이다. 여정의 삽입기능을 이
  용하여 여정의 순서를 바꿀 수 있다.

```
                / 1S3 ↵
```
1번 여정 뒤에 SEG 3을 삽입

```
                       여정의 이동 입력 응답화면
▶R↵
NO NAMES
1 KE  703  W WE 27OCT  ICNNRT   HS1 1120 1335     CAB     Y
2 KE  12   W TH 7NOV   LAXICN   HS2 0030 0545*1   CAB     Y
3 KE  1    W SA 30OCT  NRTLAX   HS2 1355 0800     CAB     Y
 NO DATA
▶/ 1S3↵
1 KE  703  W WE 27OCT  ICNNRT   HS1 1120 1335     CAB     Y
3 KE  1    W SA 30OCT  NRTLAX   HS2 1355 0800     CAB     Y
2 KE  12   W TH 7NOV   LAXICN   HS2 0030 0545*1   CAB     Y
```

3. 여정의 삭제 방법

1) 여정의 삭제 방법

XI2-3 ↵

2번에서 3번 여정까지 전부 취소

여정의 취소 입력 응답화면
NO NAMES
1 JL 952 Y FR   20APR ICNNRT   HS2 1330.   1545 DS
2 JL 345 Y SU   22APR HNDKIX   HS2 1145   1300 DS
3 JL 104 Y WE   25APR ITMHND   HS2 1255   1400 DS
4 JL 951 Y TH   26APR NRTICN   HS2 1000   1220 DS
NO DATA
▶XI2-3↵
SEG(S) 02 03 CNLD
▶*R↵
NO NAMES
1 JL9582 Y FR 20APR ICNNRT   HS2 1330 1545 DS
2 JL 951 Y TH 26APR NRTICN   HS2 1000 1220 DS
NO DATA
▶

2) 여정의 취소 및 이동 지시어

〈표 4-3〉 여정의 취소 및 이동 지시어

번 호	명 칭	내 용
1	X1	1번 SEG만 취소
2	XI1-3	1번에서 3번 SEG 전부 취소
3	XI2 / 4	2번과 4번 SEG만 취소
4	XIX3	3번 SEG 제외하고 전부 취소
5	/ 2S4	4번 SEG을 2번SEG 다음으로 이동
6	.1XK	1번 SEG 취소
7	XI	전체 SEG 취소

※ 용어해설: 2XK와 X2의 차이점은 KE구간은 차이가 없으나 그 외 항공사의 경우 XK는 취소전문이 해당 항공사로 전달되지 않고 TOPAS상에서만 취소된다.

4. 여정의 삽입 및 추가방법

1) 여정의 삽입 방법

① 작성한 여정을 확인하고 삽입할 라인의 위치를 결정

② 여정 1번과 2번 사이에 새로운 여정을 추가할 경우에는 3번 여정으로 입력되지 않도록 삽입(INSERT)지시어인 슬래시(/)를 하고 들어가고자하는 라인의 위 번호 지정(/ 1)

③ NEXT FOLLOW 1화면이 표시되고 (새로운 여정이 1번 여정 다음으로 입력되어 2번 여정이 된다는 뜻)

④ DSE나 어베일러빌리티를 새로운 여정을 삽입하고 *R을 하여 화면을 재정리하여 확인함

여정의 삽입 입력 요청창
▶*R↵
NO NAMES
1 KE 17   Q SU 20MAY ICNLAX HS1 1500 1030   CAB   Y
2 DL 1420 Q MO 28MAY LAXATL HS1 0835 1603   DA
3 KE 605 Q MO 5KUL   JFKICN HS1 1330 1700*1 CAB   Y
NO DATA
▶

※ 용어해설: 2번 SEG 다음에 ATL / JFK 구간을 추가 삽입하여야 여정이 맞기 때문에 우선 2번 SEG 다음에 삽입되도록 Insert Action을 취한다.

/2 ↵	2번 SEG 다음에 삽입

```
                        여정의 삽입 입력 응답화면

▶*R↵
NO NAMES
1 KE  17   Q SU  20MAY   ICNLAX   HS1  1500 1030      CAB   Y
2 DL1420   Q MO  28MAY   LAXATL   HS1  0835 1603      DA
3 KE 605   Q MO   5JUL   JFKICN   HS1  1330 1700*1    CAB   Y
NO DATA NEXT FOLLOW 2
▶
```

※ 용어해설: 2번 SEG 다음에 새로운 여정을 삽입할 자리가 생기게 작업을 하였으므로
여정이 맞춰졌으며 이에 추가 여정을 삽입하면 된다.

0TW816Y1JULATLJFKNN1 ↵	또는 AVBLTY 조회 후 예약

```
                        여정의 삽입 입력 응답화면

▶*R↵
NO NAMES
1 KE  17   Q SU  20MAY ICNLAX   HS1   1500 1030      CAB   Y
2 DL 1420 Q MO  28MAY LAXATL   HS1   0835 1603      DA
3 DL 62   Q SU   1JUL  ATLJFK   HS1   0835 1603      DA
4 KE 605  Q MO  5JUL  JFKICN   HS1   1330 1700*1  CAB   NO DATA
▶
```

2) 추가여정을 첫번째 SEG 작성 경우

/0 ↵	추가여정을 첫 번째 SEG로 작성하 고 하는 경우

※ 여정삽입 기능 간소화 지정어

/2-DDL062K1AUGATLJFKNN1 ↵

/2-0A ↵

AVBLTY 조회 후, /2-N1K1 ↵

5. CHANGE OF SEGMENT STATUS KEY(.) 이용

이미 작성된 여정 중 날짜와 CLASS, 항공편 등을 변경되는 경우를 말하며, CSS KEY(.: 도트라고 함)를 이용하여 해당 사항만 간단하게 변경할 수 있는 시스템이다.

1) 지시어

.1 / 15JAN ↵	1번 SEG 날짜를 15JAN으로 변경 요청함
.1 / KE725 ↵	1번 SEG의 항공편을 KE725로 변경 요청함
.2 / 15002000 ↵	2번 SEG의 출·도착시간이 누락된 경우 입력 요청
.2 / 25AUG ↵	2번 SEG 출발일이 누락된 경우 입력 요망

2) 응답형태

〈표 4-4〉 CSS KEY(.) 응답 형태

	좌석이 가능한 경우	좌석이 불가능한 경우
KE 구간의 경우	기존 SEG는 취소되고 새로운 SEG로 변경	기존 SEG는 유지되고 해당 AVBLTY가 DISPALY됨
KE외 타 항공사 구간의 경우	기존 SEG는 취소되고 새로운 SEG로 변경	기존 SEG는 유지되고 새로운 SEG가 작성되어 기존 SEG 밑에 삽입됨

제5절
Fone Field(전화번호)의 작성 실무실습

Fone Field는 전화번호 사항으로 Field 9번 사항으로 작성된다. 하나의 PNR에는 필요에 따라 고객의 전화번호가 1개에서 2개 이상의 전화번호를 입력하며, 승객이 여러 명이 있을 경우에는 첫 번째 전화번호를 모든 여정에 책임질 수 있는 승객의 전화번호를 입력한다. 또한 전화번호 작성 시 주의사항으로는 전화번호는 PNR 작성 시 반드시 입력하여야 할 필수사항이며, 고객과 연락 할 수 있기 때문이다. 또한 PNR에는 2개 이상의 전화번호가 입력될 수 있으며 첫 번째로 입력되는 전화번호는 승객 번호를 연결하여 입력할 수 없다. 마지막으로 첫 번째 전화번호는 대리점 연락처를 입력하는 것이 편리한 방법이라 할 수 있다. 전화번호 작성의 입력양식은 "9H"이며, *다음부터는 자유로이 전화번호와 받을 사람의 이름, 주소 등을 입력하면 된다.

1. Fone Field 작성방법

1) Fone Field 구성요소

〈표 4-5〉Fone Field 구성요소

기 호	내 용	
H	Home Fone	집 전화번호
B	Business Fone	사무실 전화번호
T	Travel Agency Fone	여행사 전화번호
A	Address	집 주소
P	Phone Nature Unknown	어떤 전화번호일지 모를 경우

2) 기본 입력 형태

> 9T*725-6003 KYOWON LEE / NAMWOO ↵

① 9: 전화번호 입력 기본 지시어
② T: 전화번호의 성격에 따라 하나 선택
③ *: 필수 입력 부호
④ 7256003 KYOWON LEE / NAMWOO: 전화번호, 해당 여행사명, 담당자 이름을 Free Format 임

3) 특정승객에게만 해당되는 전화번호 기입

> 9 2 B*353-2525 ↵
> └PNR상의 승객번호

※ 용어해설: 상기와 같이 특정 승객 번호를 연결하여 입력하는 것을 Passenger Relation 방법이라 한다.

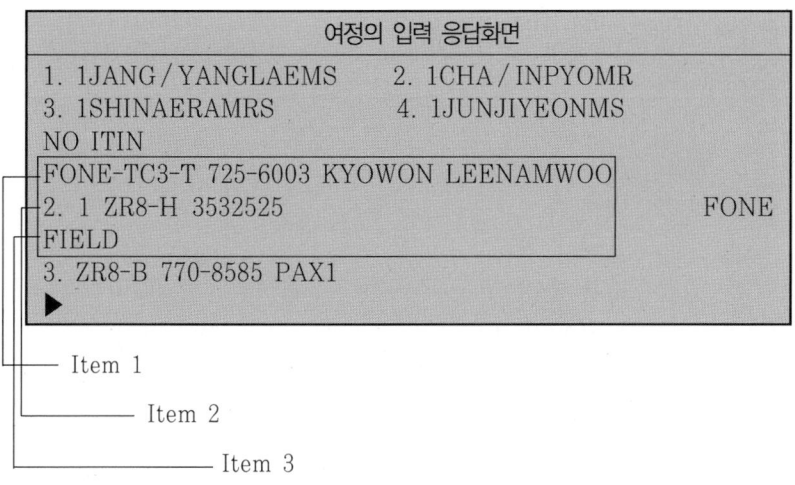

여정의 입력 응답화면

1. 1JANG / YANGLAEMS   2. 1CHA / INPYOMR
3. 1SHINAERAMRS   4. 1JUNJIYEONMS
NO ITIN
FONE-TC3-T 725-6003 KYOWON LEENAMWOO
2. 1 ZR8-H 3532525   FONE
FIELD
3. ZR8-B 770-8585 PAX1
▶

—— Item 1
—— Item 2
—— Item 3

3) Fone Field 입력방법

9 / 12H*740-7189 ↵   1번 다음에 2번 승객 전화번호
입력

Fone Field 입력 응답화면

1. 1HA / JIWONMS   2. 1CHO / INSUNGMR
1 KE   18 K MO 18JUN   ICNLAX   HS2 1500 1030   CAB   Y
FONE-ZR8-T 725-6003 KYOWON LEE/NAMWOO
2. 2 ZR8-H 740-7253
3. 1 ZR8-B 723-4545
▶

9 / 0H*740-7189 ↵   1번 전화번호로 삽입할 때

4) Fone Field 삭제 및 수정방법

Fone Field 수정 입력 응답화면
1. 1HA / JIWONMS   2. 1CHO / INSUNGMR 3. 1JUN / JIYEONMS
NO ITIN
FONE-ZR8-T 725-6003KYOWON LEE/NAMWOO
2. 2 ZR8-H 740-7253
3. 1 ZR8-B 723-4545 PAX1
▶

(1) 삭 제

91@ ↵

① 9: 전화번호 기본 지시어
② 1: FONE FIELD ITEM 번호(첫 번째 전화번호)
③ @: 삭제번호

91-3@ ↵

첫 번째, 두 번째, 세 번째 전화번호 삭제

93: 91@ ↵

첫 번째, 세 번째 전화번호 동시 삭제

(2) 수 정

93@B*720-9090 ↵

세 번째 전화번호를 720-9090으로 변경

제5장 Fact Field 작성 및 수정 실무실습

제**1**절
Fact Field 작성 및 수정 실무실습

1. Fact Field 정의

Fact Field는 승객이 항공여행 예약 시 필요로 하는 사항을 해당 항공사에 요구하는 특별 요구사항이라 할 수 있다. 예를 들면 식사, 좌석, 어린아이, 노약자 등 여러 가지 요청사항이 고객으로부터 있을 때 해당 항공사에 사실을 통보하여 항공사에서 이와 관련한 서비스 요청사항들을 준비하여야 하기 때문이다. 따라서 PNR을 작성하는 사람은 여러 가지 고객 요청사항들을 정확하게 기록함으로써 해당 항공사의 운송준비에 차질이 없도록 하여야 하며, Fact Field는 승객의 요청사항에 따라 공항탑승 시스템으로 이관 여부에 따라 General Fact와 Airport Fact 2가지로 구분되어 사용되고 있으며, 다시 해당항공사의 해당 여부에 따라 SSR과 OSI로 구분되고 있다.

1) Fact Field 구분

(1) General Fact

General Fact사항은 일반적인 고객의 요구사항으로 예약의 처리 시에만 필요하고 공항탑승시스템에는 이관될 필요가 없는 사항이다. 즉 타 항공사에서 보내온 사항 중에서 예약 시에만 필요하고 공하에서 체크인 시에는 필요 없는 사항이라 할 수 있으며, General Fact 사항을 입력할 때에는 원칙적으로 3F를 사용하지만 4F를 사용하여도 된다.

(2) Airport Fact

Airport Fact 사항은 공항과 관련한 고객의 요구사항으로 반드시 4번 Field로 들어가야 한다. 왜냐하면 공항에서 서비스 내용을 알아야 고객에게 맞는 연계서비스가 이루어지기 때문이다. 따라서 Airport Fact 사항은 승객의 탑승수속 및 탑재관리를 주관하는 공항탑승시스템으로 이관되어야 한다. 즉 예를 들면 승객이 VIP인 경우 귀빈실을 이용할 수 있도록 한다거나 고객이 노인인 경우 패밀리 서비스를 이용한 경우는 이에 따른 직원 CARE 서비스가 이루어져야 하기 때문이다.

(3) SSR 사항

SSR은 특별서비스요청사항으로 Special Service Requirement의 약자이다. SSR은 승객의 요구사항이 해당 항공사에서 준비를 필요로 하는 것으로 PNR을 작성하는 사람은 이를 PNR에 반영하고 해당항공사로부터 응답을 받아야 한다. 예를 들면 모든 구간에 승객이 야채식을 요청하는 경우 모든 항공사 구간에 동일한 식사를 할 수 있도록 준비하여야 하며 이에 대한 응답을 받아야 한다.

(4) OSI 사항

OSI 기타 서비스사항으로 Other Service Information의 약자로 OSI는 승객에 관련된 요구사항이 단순히 여정에 관련된 항공사들에게 정보의 전달만을 필요로 하고 응답이 필요 없는 사항이다. 예를 들면 승객이 전직 대통령으로 VIP인 경우에 이를 각 항공사에 알려주면 항공사에서는 자체적으로 절차를 통하여 준비하는 사항이기 때문이다.

2) FACT FIELD 종류

〈표 5-1〉FACT FIELD 종류

입력부호		입력양식 용도	PNR에서의 표시
3	3F	서비스 act 요청, 좌석, Meal 서비스 및	GEN FAX
4	4F	어린이, 유아의 나이, INFO 등	AP FAX
5	5* 5**	예약기록자의 언급사항	RMKS
6	6	예약기록 작성의뢰자 성명 예약기록 변경의뢰자 성명	RCVD
7	7Q* 7Q	항공권의 번호입력 항공권의 구매예정일	TKT
8	8	항공권 발권시한	TL
9	9H* 9B* 9T*	승객의 거주지 전화번호 승객의 사무실 전화번호 여행사 전화번호	PONE

3) FACT 입력

(1) Keyword

IATA에서는 승객이 항공사에 요청하는 사항을 분류하고, 이를 정해진 CODE로 만들어 입력형태를 표준화 해놓고 사용하고 있으며, 이를 Keyword라고 한다. Keyword는 항공사가 자체적인 필요에 의해서 만들어서 사용하는 것도 있다. 예를 들면 Vegetarian Meal 같은 경우는 VGML로, NON SMOKING SEAT 는 NSST로, INFANT는 INF, Animal In Cabin같은 경우는 PETC로 사 용하고 있다.

KIKWD ↵	Keyword Table Display Entry

〈표 5-2〉Keyword

핵심어	Meaning	풀 이	Free Text
APIS	Advance PSGR INFO SYS (KE ONLY)	미국행 사전입국 심사제도(KE만)	Mandatory (반드시 기재)
AVIH	Animal Hold	애완동물을 안고 탈 때	"
AVML	Asian Vegetarian Meal	아시아식 야채식사 (상추, 고추 깻잎 등)	Not Permit (허용안함)
BBML	Infant / Baby Food	유아/ 소아식	"
BIKE	Bicycle	자전거	Optional (기재 유무 선택)
BLML	Bland Meal	위장에 부담없는 식사	Not Permit
BLND	Blind PSGR	장님 승객	"
BSCT	Bassinet / Carrycot	아기 요람	"
BULK	Bulky Baggage	부피가 큰 짐	Mandatory
CBBG	Cabin Baggage	객실허용 짐	"
CHD	Child	어린이	Optional)
CHML	Child Meal	어린이 식사	Optional
CIP	Commerial Important PSGR(KE ONLY)	재계거물(KE만)	Mandatory
CKIN	Provide INFO For APO STF	공항직원을 위한 정보	"
CTC	Contact	연결 요망	"
DBML	Diabetic Meal	당뇨환자를 위한 식사	Not Permit
DEAF	Deaf PSGR	귀머거리 손님	Optional
DEPA	Deportee With Escort	추방 호송	"

핵심어	Meaning	풀 이	Free Text
DEPU	Deportee Without Escort	단독 추방	"
DIPL	Diplomatic Courier	외교사절	"
EBAU	Excess Baggage AUTH (KE ONLY)	추가 수화물 증서	Mandatory
EMIG	Emigrant	이민자	Optional
EXST	Extra Seat	여분의 좌석	Mandatory
FAX	Fax(KE ONLY)	예약기록 팩스로 전송	"
SIM	Fim Issued PSGR (KE ONLY)	영화 요청	"
FMLY	Family Care Service (KE ONLY)	가족 보호 서비스	"
FQTV	Frequent Flyer Mileage Program	사용비행사 마일 수당	"
FRAG	Fragile Baggage	부서지기 쉬운 짐	"
ERAV	First Available	첫 번째 이용가능편	"
FTBS	Frequent Traveller Bonus SYS(KE ONLY)	사용고객 보너스 제도	"
GFML	Gluten Free Meal	글루텐 비함유 식사	Not Permit
GPST	Group Seat RQST	그룹좌석 요청	Mandatory
GRPF	Group Fare Data	그룹 요금 자료	"
GRPS	PSGR Travelling Together	동반 여행자	"
GTR	Goverment Travel RQST (KE ONLY)	공무원 항공여행	"
HAJJ	Haj Pilgrim(KE ONLY)	메카 순례 참배	"
HFML	High Fiber Meal	고 섬유질 식사	Not Permit
HNML	Hindu Meal	힌두교식 식사	"
INAD	Inadmissible PSGR (KE ONLY)	허가될 수 없는 승객	Mandatory
INF	Infant	유아	Optional
KSML	Kosher Meal	유대교식 식사	Not Permit
LANG	Specify Language Spoken	특정언어 구사	Mandatory
LCML	Low Calorie Meal	저 칼로리 식사	Not Permit
LFML	Low Cholestrol / Low Fat Meal	저 콜레스테롤 / 저지방 식사	"

핵심어	Meaning	풀 이	Free Text
LPML	Low Protein Meal	저 단백질 식사	"
LSML	Low Sodium / No Salt Added Meal	저 염분식 / 염분 불첨가	"
MAAS	Meet and Assist	초행길 보조 요청	Mandatory
MEDA	Medical Case	의학, 의료, 의술	Optional
MIC	Mixed Interline Connecting (KE ONLY)	혼합 국제 연결편	Mandatory
MOML	Moslem Meal	회교식 식사	Not Permit
NLML	Non-Lactose Meal	유당 비함유 식사	"
NRC	No-Record Passenger	기록이 없는 승객	Mandatory
NSML	No Salt Added Meal (KE ONLY)	제공된 식사에 소금 안침	Not Permit
NSSA	No Smoking Aisle Seat	기내 통로 금연석	"
NSSB	No Smoking Bulkhead Seat	맨 앞 금연석	"
NSST	No Smoking Seat	금연석	Optional
NSSW	No Smoking Window Seat	창가 금연석	Not Permit
OTHS	Requires Action or Provide Reservation Related Information	예약관련 정보나 행동 요청	Mandatory
ORML	Oriental Meal	동양식	Not Permit
PETC	Animal In Cabin	기내안의 동물	Mandatory
PRML	Low Purin Meal	저 푸린 식사	Not Permit
RCFM	Reconfirmation (KE ONLY)	예약 재확인	Mandatory
RQST	Seat RQST	좌석요청	Mandatory
RVML	Raw Vegetarian Meal	가공 안한 야채식	Not Permit
SEAT	Prereserved Seat RQST	좌석 보전 요청	Mandatory
SEAT	Prereserved Seat RQST	좌석 보전 요청	Mandatory
SEMN	Ship's Crew	선원	"
SFML	Sea Food Meal	해산물로 된 식사	Not Permit
SMSA	Smoking Aisle Seat	기내 통로 흡연석	"
SMSB	Smoking Bulkhead Seat	칸막이 옆 흡연석	"

핵심어	Meaning	풀 이	Free Text
SMST	Smoking Seat	흡연석	Optional
SMSW	Smoking Window Seat	창가 흡연석	Not Permit
SPEQ	Sports Eqipment	스포츠 장비	Mandatory
SPMB	Birthday Cake(KE ONLY)	생일 케이크	Not Permit
SPMH	Honeymoon Cake(KE ONLY)	허니문 케이크	"
SPML	Special Meal	특별식	Mandatory
SPON	Special PSGR(KE ONLY)	특별 승객	"
STCR	Stretcher PSGR	환자 승객	Not Permit
STF	Staff(KE ONLY)	직원	Optional
TCP	The Complete Party Is	단체 승객 수	Mandatory
TKAU	Ticket Accept Auth (KE ONLY)	티켓 받은 증서	"
TKTL	Ticketing Time Limit	발권 제한일	"
TWOV	Transit Without Visa	무비자 통과	Optional
UGFR	Upgrade to First Class Auth(KE ONLY)	일등석으로 좌석 변경	Mandatory
UGPR	Upgrade to Premium Class Auth(KE ONLY)	프리미엄석으로 좌석 변경	"
UMNR	Unaccompained Minor	비동반 소아	"
VGML	Vegetarian Meal	야채식	Not Permit
VIP	Very Important PSGR	귀빈	Mandatory
VLML	Lacto-Ovo Vegetarian Meal	유제품, 계란 포함 야채식	Not Permit
WCHC	Wheel Chair-Camp	휠체어 기내 좌석	Optional
WCHR	Wheel Chair-Ramp	휠체어 이동트랩까지 준비	"
WCHS	Wheel Chair-Steps	휠체어 계단까지 준비	"
XBAG	Excess Baggage	초과 짐	Mandatory

(2) Fact 서비스 입력 방법

① System은 사용된 Keyword에 따라 자동적으로 SSR, OSI를 구분해 주며, General Fact와 Airport Fact도 구분하므로 입력 시 Fact를 구분할 필요가 없다.

② 승객성명을 Relation 하였을 경우 요청 숫자가, 여정을 Relation하였을 경우 요청 항공사가 자동적으로 결정된다.

③ 승객 성명과 여정을 Relation하지 않은 경우는 전 승객이 전 여정을 대상으로 요청한 것으로 작업을 하면 된다.

가. 전 승객이 전 여정에 SPML(Special Meal)을 요청하는 경우

3F SPML ↵

또는

4F SPML ↵

※ 용어해설: "3"은 General Fact Field이고, "4"는 Airport Fact Field이나 System이 Keyword에 따라 자동적으로 분류하기 때문에 입력시에 3, 4를 구별하지 않아도 무방하다.

AP FAX-SSRSPMLYYNN2 ↵

| *R ↵ | 화면 재정리
|---|

전 승객 전 여정에 특별식 입력 요청창
1. 1HA / JIWONMS 2. 1CHO / INSUNGMR   3. 1JUN / JIYEONMS
1 KE 18 K MO 25JUN ICNLAX   HS3 1500 1950 CABIN Y
2 DL 264 K WE 30JUN LAXICN   HS3 0705 1410
FONE-ZR8-H 725-6003 KYOWON LEE/NAMWOO
AP FAX-S1 SSRSPMLYYNN2
2. S2 SSRSPMLYYNN2
▶

나. 2번 승객이 전 여정에서 SPML(특별식)을 요청한 경우

| 42F SPML ↵ | 2는 승객번호
|---|

AP FAX-2SSRSPMLYYNN1 ↵

```
┌─────────────────────────────────────────────────────────────┐
│          특별식 요청창(승객 한사람만 요청한 경우)               │
├─────────────────────────────────────────────────────────────┤
│ 1. 1HA / JIWONMS  2. 1CHO / INSUNGMR   3. 1JUN / JIYEONMS     │
│ 1 KE  18  K MO 25JUN  ICNLAX   HS3  1500  1950  CABIN Y       │
│ 2 DL 264  K WE 30JUN  LAXICN   HS3  0705  1410               │
│ FONE-ZR8-H 725-6003 KYOWON LEE/NAMWOO                         │
│ AP FAX-2 S1 SSRSPMLYYNN1                                     │
│ 2. 2 SSRSPMLYYNN1                                            │
│ ▶                                                            │
└─────────────────────────────────────────────────────────────┘
```

다. 2번 승객이 SEG 2에만 SPML(특별식)을 요청한 경우

```
┌──────────────────────────────────┐
│        42S2F  SPML ↵              │
└──────────────────────────────────┘
┌──────────────────────────────────┐
│ AP FAX-2 S2 SSRSPMLYYNN1 ↵        │
└──────────────────────────────────┘
```

라. 1번, 3번 승객이 SEG 1,2에 SPML(특별식)을 요청한 경우

```
┌──────────────────────────────────┐
│      41 / 3S1-1F SPML ↵           │
└──────────────────────────────────┘
┌──────────────────────────────────┐
│ AP FAX-1 / 3 S1 SSRSPMLYYNN2 ↵    │
└──────────────────────────────────┘
```

```
┌─────────────────────────────────────────────────────────────┐
│        특별식 요청창(각각 승객과 각각의 SEG에 신청한 경우)      │
├─────────────────────────────────────────────────────────────┤
│ 1. 1HA / JIWONMS  2. 1CHO / INSUNGMR 3. 1JUN / JIYEONMS       │
│ 1 KE  18  K MO 25JUN  ICNLAX   HS3  1500  1950  CABIN Y       │
│ 2 DL 264  K WE 30JUN  LAXICN   HS3  0705  1410               │
│ FONE-ZR8-H 725-6003 KYOWON LEE/NAMWOO                         │
│ AP FAX-1 / 3 S1 SSRSPMLYYNN1                                 │
│ 2. 1 / 3 S2 SSRSPMLYYNN1                                     │
│ ▶                                                            │
└─────────────────────────────────────────────────────────────┘
```

4) Fact 입력 원칙이 적용되지 않는 경우

(1) 유아인 경우

유아는 승객성명을 Relation할 수가 없어서 반드시 유아와 관련된 Fact 사

항을 입력해야 하며 INF 앞에 유아의 숫자를 반드시 입력해야 한다. 그러나 유아는 승객성명과 연결시킬 수 없으며 인결을 시키면 에러 메시지가 나타나게 되어 있으며, 반드시 Infant의 인원수를 써주어야 한다.

44F 1INF 8MONS ↵

유아사항을 승객 4번과 연결시킴

INF PAX NBR

승객 4번과 연결시키므로 에러 메시지가 뜸

※ Inv Pax Nrb는 Invalid Passenger Number의 약자로 승객번호가 잘못됨.

(2) 숫자와 함께 사용하는 Keyword

반드시 숫자와 함께 사용하는 Keyword는 TCP, INF, CHD TCP는 단체의 인원수를 뒤에 기입하고, INF와 CHD는 인원수를 앞에 기입하여야 한다.

4F TCP AJUMMA / PTY ↵

단체수가 미지정됨

INV FORMAT

※ Inv Format이 잘못됨.

(3) Error Response가 "Need Pax Relation"나오는 경우

4F BSCT ↵

※ 승객번호 지정이 필요함. 따라서 Passenger Relation을 해주면 되나 이와 같은 Bassinet를 신청할 경우 INF Name과 Relation이 되지 않으므로 동반보호자를 Relation해주어야 한다.

NEED RELATION

（4）Error Response가 "Need Add Data"가 나오는 경우

> 41F SPML ↵

※ Keyword 중에는 반드시 Additional Data를 필요로 하는 것들이 있다.

> NEED AD DATA

（5）PSPT 입력방법

> 41F PSPT GS1234567 / KR / 13MAY70 / KIMMINJUNG / F
> PAX RELATION   여권번호   국적   생년월일   성과 이름   성별

위 DATA를 모를 경우 " / "로 대체 가능함

> 41F PSPT /////////↵

> 4F PSPT GS1234567 // 13MAY70 /// F ↵

- 여권 없는 동반 소아 경우

> 41F PSPT GS1234567 / KR / 13MAY / KIMMINJUNG / F / H ↵
>   └───── 동반보호자 Relation

※ PSPT: APIS(Advanced Passenger Information System) Keyword
  APIS란 미국사전 입국 심사를 말하는 것으로 미국으로 여행하는 모든 승객이
  Passport Data를 PNR에 입력하면 해당 항공사에서 미국 관계 당국에 관련
  자료를 사전 통보하여 미국 도착 히 해당편 모든 승객이 보다 신속하게 입국
  심사를 받을 수 있도록 하는 제도이다. 이는 미국 이민국에서 요구하고 있는 사
  항으로 예약자는 미국으로 여행하는 모든 승객(미국 국적 승객 포함)에 대해
  PSPT 사항을 반드시 입력해주어야만 한다. 입력하는 방법은 위에서와 같이
  Manual 입력 또는 Skypass Data를 자동 이관하는 방법이 있다.

(6) FQTV 입력 방법

> 41F FQTV CX HK / 카드번호 ↵   DL, AF, NW, MH 항공사 입력 가능

※ FQTV(Frequent Flyer Mileage Program)는 승객이 해당 항공사의 Mileage Program 회원인 경우 회원번호를 PNR에 입력해 놓으면 탑승 시 자동으로 Mileage가 누적되는 Program이다. 이는 대고객 서비스에 있어 중요한 사항이 므로 탑승 전 반드시 회원가입을 완료하여 사전입력토록 한다.

(7) 한 FACT 사항에 Keyword가 두개 이상 있는 경우

Keyword가 2개 이상이 동시에 사용되는 경우는 에러 메시지가 뜬다. 이때 하나를 없애고 하나만 입력해야 하며 OTHS, SPML과 다른 핵심어가 사용되는 경우와 GRPS와 TCP가 동시에 사용되는 경우는 예외사항으로 한다.

> 4F VIP SPML ↵

> INV SEC KEYKWD ↵

※ Invalid Secondary Keyword가 잘못되었음.

★ 예외사항

① OTHS, SPML과 다른 Keyword가 같이 사용되는 경우는 사용된 Keyword 가 OTHS나 SPML 자리를 대체한다.

> 42S SPML MOML ↵

② GRPS와 TCP는 단체 GRP PNR 작성 때 함께 사용한다.

> 4F GRPS TCP20 TOPAS / PTY ↵

③ Error Response "Inv Add Data"가 나오는 경우

4F VGML NO EGG ↵

INV ADD DATA

※ Inv Add Data는 추가사항이 잘못되었음을 의미

5) 서비스 Fact 수정

Fact 수정 입력 요청창
1. 1HA / JIWONMS 2. I / CHO / INAEMISS 3. 1CHO / INSUNGMR
1 KE 18 K MO 25JUN ICNLAX   HS2 1500 1950 CABIN Y
2 DL 264 K WE 30JUN LAXICN   HS2 0705 1410
AP FAX-OSIYY 1INF 10MONS
2. 1 S2 SSRBSCTKENN1
3. 1 S2 SSRBSCTKENN1
4. 2 S1 SSRVGMLKENN1
5. 2 S2 SSRVGMLKENN1
GEN FAX-OSIKE FAX 725-6060 HONG / MINA
▶

(1) Fact 삭제

GEN FAX에 입력되어 있는 사항들은 3번, 메 FAX에 입력되어 있는 사항들은 4번을 이용하여 삭제 및 변경을 하여야 한다.

41@ ↵	AP FAX 중 첫 번째 삭제
31@ ↵	GEN FAX 중 첫 번째 삭제
43@: 41@ ↵	AP FAX 세 번째와 첫 번째 삭제
41-4@ ↵	AP FAX 첫 번째부터 네 번째까지 삭제

(2) Fact 수정

| 41@F1INF9MONS ↵ | AP FAX의 첫 번째를 삭제하며 새로 입력 |

6) Fact 서비스 사항의 오류

Fact사항이 입력되었으나 잘못 입력된 경우에는 SSR과 OSI가 ZZR과 ZZI로 변경되어 "E"를 칠 경우에 PNR이 작성되지 않는다. 따라서 "*R"로 다시 정리한 후 ZZR과 ZZI로 나타난 사항을 지우거나 수정한 후에 "E"를 쳐야 한다.

(1) 동일성격의 지시형식이 이중으로 입력된 경우

42S2F VGML ↵	2번 승객이 2번 여정에서 야채식 요청
42F MOML ↵	2번 승객이 전 여정에서 모스렘 식사 요청
E ↵	PNR 종료 지시어

오류 입력 창
1. 1HA / JIWONMS 2. 1CHO / INSUNGMR 3. I / CHO / INAEMISS
1 KE 18 K MO 25JUN ICNLAX   HS2 1500 1950 CABIN Y
2 DL 264 K WE 30JUN LAXICN   HS2 0705 1410
FONE-ZR8 T 123-4567 KYOWON LEE/NAMWOO
AP FAX-S1 SSVGMLKENN2
2. S2 SSRVGMLYYNN2
3. S3 SSRVGMLYYNN2
4. 2 S1 SSRMOMLKENN1
5. 2 S2 SSRMOMLNZNN1
6. 2 S3 SSRMOMLKENNA
▶E∗R↵
RECOMMENDED RSVN NBR IS NIL
PRESS ENTER KEY OR INPUT NEW RSVN NBR
GEN FAX-OSIKE FAX 725-6060 HONG / MINA
▶E / ↵
MULTIPLE MEAL ITEM 1 SEG 1
MULTIPLE MEAL ITEM 3 SEG 3
INVALID APFAX ITEM 4
INVALID APFAX ITEM 6
▶∗R↵

오류 입력 창
1. 1HA / JIWONMS 2. 1CHO / INSUNGMR 3. I / CHO / INAEMISS
1 KE 18 K MO 25JUN ICNLAX   HS2 1500 1950 CABIN Y
2 DL 264 K WE 30JUN LAXICN   HS2 0705 1410
FONE-ZR8 T 123-4567 KYOWON LEE/NAMWOO
AP FAX-S1 SSVGMLKENN2
2. S2 SSRVGMLYYNN2
3. S3 SSRVGMLYYNN2
4. 2 S1 ZZRMOMLKENN1
5. 2 S2 SSRMOMLNZNN1
6. 2 S3 ZZRMOMLKENNA
▶

(2) SEG Relation된 Fact가 있는 SEG를 취소하고 있는 경우

<table>
<tr><td colspan="2" align="center">오류 입력 창</td></tr>
<tr><td colspan="2">▶*R↵</td></tr>
<tr><td colspan="2">1. 1HA / JIWONMS   2. 1CHO / INSUNGMR</td></tr>
<tr><td colspan="2">1 KE 18 K MO 25JUN ICNLAX   HS2 1500 1950 CABIN Y</td></tr>
<tr><td colspan="2">2 DL 264 K WE 30JUN LAXICN   HS2 0705 1410</td></tr>
<tr><td colspan="2">   FONE-ZR8 T 123-4567 KYOWON LEENAMWOO</td></tr>
<tr><td colspan="2">   AP FAX-S1 SSVGMLKENN2</td></tr>
<tr><td colspan="2">2. S2 SSRVGMLNZNN2</td></tr>
<tr><td colspan="2">3. S3 SSRVGMLKENN2</td></tr>
<tr><td colspan="2">▶X2↵</td></tr>
<tr><td colspan="2">NEXT REPLACES 2</td></tr>
<tr><td colspan="2">▶*R↵</td></tr>
<tr><td colspan="2">1.1HA / JIWONMS   2.1CHO / INSUNGMR</td></tr>
<tr><td colspan="2">1. KE 18 K MO 25JUN   ICNLAX   HS2 1500 1950 CABIN Y</td></tr>
<tr><td colspan="2">2. DL 264 K WE 30JUN   LAXICN   HS2 0705 1410</td></tr>
<tr><td colspan="2">   FONE-ZR8 T 123-4567 KYOWON LEE/NAMWOO</td></tr>
<tr><td colspan="2">   AP FAX-S1 SSVGMLKENN2</td></tr>
<tr><td colspan="2">2. S2* ZZRVGMLNZNN2</td></tr>
<tr><td colspan="2">3. S3 SSRVGMLKENN2</td></tr>
<tr><td colspan="2">▶</td></tr>
</table>

7) PC Fax 기능

(1) PC Fax 지시어

4FFAX_061-740-7185 SONGHYEKYO ↵

└─── 반드시 Space 필요

① 반드시 지역번호를 입력해야 한다.

② Fax 번호 기재 후 수신자 성명을 기재할 수 있다.

③ 전송내용은 PNR상의 여정, 승객, 성명, 발신 여행사명, 발신 여행사전화, Fax 번호 등이다.

(2) Comment(특별 전달사항) 입력 지시어

> 4F COM BAD A BO SI GO YEON RAG BA RAB NI DA ↵

└──────전달사항(Free Format) 영문 최대 59자 가능

(3) 입력 후 "E"로 저장

(4) 전송확인 지시어(PC-Fax List 조회)

> FAX*ZR8 ↵

8) TOPAS I-Mail SVC

(1) 사용신청방법: WWW.TOPAS.NET(여행사용)에 접속 후 I-Mail 관리에서 사용 등록

(2) 지시어 입력 방법

가. 받으시는 분

> 9E*TEST//TOPAS.NET-JANG/YANGLAE*EVENT//TOPAS.NET ↵

① 9E*: 기본 지시어
② TEST//TOPAS.NET: 수신자 Mail Address(//: @)

나. 예약 담당자 메일 주소 입력

9E*FRM IMAIL//TOPAS.NET ↵

① 9E*FRM: 기본 지시어
② TEST//TOPAS.NET: 여행사 또는 담당지 E-MAIL 주소(미입력시, TOPAS 유상에 유지된 여행사의 기본 Address를 기본값으로 전송 처리)

다. Comment

9E*COM THANKS FOR YOUR CHOOSING OUR AGENCY ↵

① 9E*COM: 기본 지시어
② Thanks for: 전달 내용(Free Text)

(3) 전 송

: EOT 후 전송됨(동일 내용의 재전송은 상기내용 중 어느 한가지을 수정 또는 삭제하는 등 변경 후 처리 가능) 전송확인은 I-Mail관리에서 확인 가능하며 전송 실패 시에는 반송 처리됨.

9) Advance Seating Product(사전 좌석 배정제도)

항공 예약 시 고객이 원하는 좌석을 미리 예약함으로써 고객의 만족도 제고 및 운송업무 효율성 향상을 위한 제도이며, 노선은 미주/구주 노선에 한해서 사전에 좌석을 미리 배정해주는 제도이다. 사전좌석예약 유의사항으로는 항공예약이 확약된 9명 이하 개인고객만 가능하고 유아와 함께 여행하는 승객의 경우 반드시 유아 바구니 장착이 가능한 좌석을 배정한 후 이와는 별도로 유아바구니를 요청해야 한다. 또한 금연석의 경우 해당 구역의 앞쪽에서부터 배정하며 흡연석의 경우 해당구역의 뒤쪽에서부터 배정하여야 한다.

(1) 사전좌석 배정 가능 조회 지시어

〈표 5-3〉 사전좌석 배정 가능 지시어

순서	지 시 어	내 용
1	*S3	3번 SEG 가능 좌석 조회
2	*S3 / W	3번 SEG의 창 측 가능 좌석 조회
3	*S3 / AN	3번 SEG 복도 측, 금연석 가능좌석 조회
4	*S1 / P2 / NA	1번 SEG 승객 2명을 위한 금연석, 복도 측 가능 좌석 조회
5	*S3 / ALL	3번 여정 전 좌석 조회
6	*S4 / 42	4번 여정 42열 좌석 조회
7	*S4 / 15A	4번 여정 15A 좌석 조회
8	*S M	나머지 부분 더 조회
*	*S	방금 전 화면의 재 조회

※ 용어해설: W: Window, A: Aisle, N: Non-Smoking, S: Smoking, B: Bassinet, U: Upper Deck, E: Emergency Exit, L: Maximum Leg Space

(2) 좌석배정

사전좌석배정은 공항사항 AP Fax사항으로 입력해야 한다.

가. 일반적인 좌석 요청

① 좌석구역코드를 사용하여 특정유형의 좌석요청

② 시스템이 자동적으로 해당 유형의 좌석번호를 배정함

③ 여러 개의 좌석구역코드를 결합하여 요청이 가능하며 지정된 좌석구역을 충족하는 좌석이 없을 경우 차선의 좌석배치도가 보여진다.

④ 좌석구역코드는 순서에 상관없이 사용가능하다.

| 4GN ↵ |

전 승객(3명)을 전 SEG에 금연석에 배정 요청함

APFAX-SSRRQSTKEGK3 12ABC / NO SMOKING ↵

41S1GSW ↵	1번 승객을 1번 SEG에 흡연석, 창 측 좌석으로 배정
43GS ↵	3번 승객을 전 SEG에 흡연석으로 배정
4S1 / 6GN ↵	1번, 6번 SEG에 모든 승객을 금연석으로 배정

나. 특정좌석 요청

4G12AB ↵	전 승객(2명)을 12A, 12B

AP FAX-SSRRQSTKEHKS 12AB / SMOKING ↵

41S1-2G O3A ↵	1번 승객을 1,2번 SEG에 03A로 배정
4112A 26B ↵	전 승객(2명)을 12A와 26B로 배정

AP FAX-SSRRQSTHK2 12A 26B / MIXED

※ Mixed: 흡연석, 금연석이 혼합되었음을 의미

제2절
Remark Field 작성 및 수정 실무실습

　　Remark Field는 Field 5번 사항으로 예약직원들 상호간에 업무연락을 주고받는 메시지 역할을 하며 메시지 전달시 사용할 때 기타 해당 예약기록과 관련된 내용을 수록하여 직원들이 참조할 수 있도록 하고 있다. 또한 예약 재확인이나 승객에게 필요한 정보를 전달하였을 경우에도 해당되며, 기타 해당 PNR에 관련된 제반 내용을 수록하여 직원들이 빠르고 신속한 업무처리를 할 수 있도록 도와주는 역할을 하고 있다.

1. Remark Field 실무실습

1) Remark Field 작성

　　(1) Signed Remark(5**): 승객과 관련된 중요한 사항을 전달하기 위한 것으로 입력한 내용뿐만 아니라 Remark를 입력한 지원의 사인 및 업무코드와 입력한 일시를 컴퓨터가 자동적으로 입력해 주므로 사후에 책임유무를 알 수 있

는 근거 자료가 된다.

> 5**PLZ DAPO CFM SEG1 ↵

※ Remark를 Input한 직원의 Sign 및 Duty Code, 입력한 일시를 System이
자동적으로 입력하여 줌.

(2) Unsigned Remark(5*): 별로 중요하지 않는 내용으로 입력한 내용만
을 기로 유지해 줄 분 입력한 직원의 업무코드나 입력일시가 나타나지 않는다.

> 5**PLZ SPELL CHNG PAX3 // KIMMIRAMS ↵

2) Remark Field의 삭제 및 수정

Remark Field 입력 창
▶*R↵
1. 1HA / JIWONMS   2. 1CHO / INSUNGMR
1 KE 18 K MO 25JUN ICNLAX   HS2 1500 1950 CABIN Y
2 DL 264 K WE 30JUN LAXICN   HS2 0705 1410
FONE-ZR8 T 123-4567 KYOWON LEE/NAMWOO
RMKS-PLZ DAPO CFM SEG1 IC3C3GS18591L / 19APR
2. PLZ SPELL CHNG PAX3 / KIMMIRAMS IC3C3GS1901L / 19APR
3.VRY TKS..
▶

51@ ↵	1번 Remark 삭제
51-2@ ↵	1번-2번 Remark 삭제
52@PLZ SPELL CHNG PAX2 // KIMMIRAMS ↵	2번 Remark 삭제, 변경
5 / 1*PAX MAY CHG RSVN ↵	1번 Remark 밑에 Insert

제3절
Received From Field 작성 및 수정 실무실습

Received Field 작성은 예약사항의 변경 시에 해당 작업을 요청한 사람을 근거로 기재하는 항목이다. 또한 비행편의 스케줄 변경이나 중요한 정보를 승객에게 제공하였을 경우에도 해당 정보를 전달받은 사람을 기재하여야 한다. 따라서 Received Field가 PNR상에 취한 Action 내역과 함께 PNR의 변경내역 부분에 남아 차후에 승객 예약 시에 문제가 발생 시 참조할 수 있기 때문이다.

1) Received From Field 실무실습

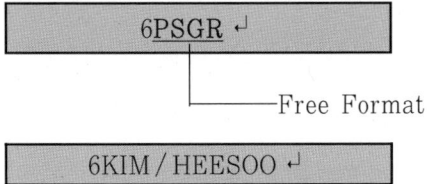

2) Received From Field 삭제 및 수정

61@ ↵

잘못 입력된 내용의 삭제(End Of Transaction)

61@ KIM / JISOO ↵

삭제 후 변경

※ 입력되어 End Of Transaction을 마친 RCVD Field는 삭제가 불가능하다.
※ RCVD Field는 Optional Field 이므로 입력을 하지 않아도 작업완료에는 지장이 없다. 그러나 직원은 여러 건의 예약을 취급하므로 후에 문제 발생 시 기억에 의한 확인이 어려우므로 여정변경 또는 여정취소 등의 중요한 사항은 반드시 작업완료(E+)전에 입력하는 것이 좋다.

제4절
Ticket Field 작성 및 수정 실무실습

Ticket Field는 항공권 발권과 관련된 항목으로 예약구간의 항공권을 발권한 후에 발권 사실을 해당 항공사에 전달하기 위하여 항공권 번호를 입력하거나, 승객의 항공권 구입예정 시기를 알려줘서 예약이 CXL 되는 것을 방지하는 항목이다. 특히 수기 항공권 발권 및 티켓 소지 승객의 경우는 항공권 번호를 꼭 입력해주어야 한다. 또한 항공권 번호입력 시에는 승객번호와 Relation시키는 것이 좋으며, 항공권 번호는 항공사 번호와 10자리의 TKT번호, 한자리의 Check Digit로 구성되어 있으므로 항공권 번호를 입력하는 경우에는 Check Digit이 항공권 AGT Coupon 또는 PSGR Coupon에 있는 Check Digit과 일치하지 않는 경우는 입력이 되지 않는다.

1. Ticket Field 실무실습

1) Ticket Field 입력

(1) 항공권 번호 입력

가. 대한항공사 티켓 번호 입력

| 7 2 0* 180   4218374832   0 ↵ |

승객번호 항공사번호 TKT번호 CHECK DIGIT

| 7 2 0* 180   4218374832-   833 ↵ |

항공사 번호 TKT번호 CONJ TKT 번호의 끝 3자리

나. JL 항공사의 경우

| 42F OTHS TKNO 131 38489030943 ↵ |

다. 그 외 항공권의 경우

| 4F TKNO 0163848903094 3 ↵ |

(2) 항공권 구입 예정 시기 입력

| 7Q14DEC ↵ | 14DEC에 항공권 구입 예정

| 7Q20JUN*ICN ↵ | 20JUN 서울에서 항공권 구입 예정

| 7Q20JUN*PAX WL BUY TKT ↵ | Free Text 사용 가능

(3) Ticket Field 삭제

71 @ ↵	1번 TKT Field 삭제
71-5 @ ↵	1번-5번 TKT Field 삭제
75 @ : 72@ ↵	5번과 2번 TKT Field 삭제

제5절
Time Limit Field 작성 및 수정 실무실습

Time Limit Field는 명단이 미확보된 단체승객의 예약 시 승객 명단 입력시간을 정할 경우와 항공권 사전 구입시한 설정 시 사용한다. 또한 예약기록에 대한 확인이나 기타 조치를 위하여 일정한 시점을 설정하여 PNR에 기록하여 놓으면 설정된 시점에 지정 Queue로 통보되어 편리한 시스템이다.

1. Time Limit Field 실무실습

1) Time Limit Field 입력

(1) 비행편 출발 60분전으로 시한을 설정할 때

8TL60 ↵	비행편 출발 60분전에 티켓 구입 시한 설정
TL-ZY7TL60 ↵	

(2) T / L 설정(CRT CITY Q 12번으로 통보됨)

```
          81200 / 15SEP ↵
```

CRT City Q 12번에 15SEP 1200

시에 통보

(3) Time Limit Field 삭제방법

```
          81@ ↵
```

1번 TL 삭제

(4) PNR에 기재된 항공권 구입시한

Time Limit Field 입력 창
1. 1HA / JIWONMS ↵
ZR8KE3 24 JUN VK2YIL / 7259-6003
1 KE 18 K MO 25JUN ICNLAX   HS1 1500 1950 CABIN Y
2 DL 264 K WE 30JUN LAXICN   HS1 0705 1410
FONE-ZR8 T 123-4567 KYOWON LEE/NAMWOO
TL-CSEL12 / 2155 / 01JUL ROK TTL
GEN FAX-OSIKE RSVN NBR IS 725-6003
2. SSRTKTLKEPN1 ADV TKT NBR TO CX BY 01JUL OR SUBJECT
TO   CANCEL
▶

※ 상기 PNR의 TL은 01JUL 21시 55분이다. PNR에 기재된 항공권 구입시한(TKT Time Limit)은 예약 취소 시에 자동 취소되며 예약 변경 시에 TTL시에 자동 변경된다. 또한 PNR작성 완료(EOT)시 KE구간이 포함된 PNR은 TTL이 자동 설정되어 기한 내에 항공권 구입여부가 TKT Field란에 없으면 예약이 자동 취소되므로 예약 시 반드시 승객에게 안내되도록 해야 한다.

제6장 PNR 완료 및 조회방법 실무실습

PNR 작성 완료 조회방법 실무실습

1. PNR 작성 완료

PNR 작업을 예약자가 마치고 나면 Main Computer에 Filing을 하여야 하며, Filing이 되기 이전까지는 작업자의 CRT 작업장에만 작업을 하던 PNR이 나타나지만, Filing을 마치게 되면 CRT를 사용하는 작업자 누구나 해당 PNR을 Dispaly해 볼 수 있다. 따라서 PNR의 Filing과정을 "End of Transaction"이라 불리며, Filing이 성공적으로 이루어지면 해당 PNR의 Filing위치를 나타내는 "PNR Address(예약번호)"가 주어진다.

1) End Of Transaction(작성완료 EOT)

```
1. 1LEE / YONGILMR        2. 1KIM.SIJOONGMR
1 KE 617 K SA 25SEP       ICNHKG HS2 0850 1120 CABIN Y
2 KE 618 K WE 29SEP       HKGICN HS2 1250 1705 CABIN Y
FONE-ZR8-B 725-6003 LEE / NAMWOO
```

※ 상기와 같이 PNR 작성이 끝나고 마지막 마무리 "E" 지시어를 치면 PNR이 완료된다.

E ↵	지시어

End Of Transaction(작성완료 EOT) 입력 화면
1. 1CHO / SUNGMOMR   2. 1HA / RISOOMS
1 KE 617 K SA   25SEP ICNHKG HS2 0850 1120   CABIN Y
1 KE 618 K WE   29SEP HKGICN HS2 1250 1705   CABIN Y
FONE-ZR8-B 705-6003 LEE / NAMWOO
▶ E↵
RECOMMEDED RSVN IS NIL
PRESS ENTER KEY OR INPUT NEW RSVN NBR
▶ E / ↵
OK 725-6003 TTL / 03OCT 1800
THANK YOU FOR BOOKING KE

※ 상기와 같이 End Of Transaction이 성공적으로 수행되면 "PNR Address(예약번호) 725-6003"이 Main Computer에 보관된다. 상기 화면에 나타나 있는 PNR은 Main Computer에 보관되고 남은 잔상일 뿐이며, 단말기의 작업장은 다른 예약을 접수할 수 있는 Clear상태이다. 만약 PNR에 Error이 있는 경우는 Error 응답이 나타나고 Address는 주어지지 않는다. 즉 아직 Main Computer에 보관이 되지 않고 단말기의 작업장에 남아 있는 상태이다. 따라서 작업 후 작업자가 작업한 내용의 확인과 현재까지 작업내용이 올바른가를 확인하기 위해 작업 도중 "*R"을 이용하여 작업 상태를 확인하여야 한다.

*R ↵	작업장의 상태 확인

NO NAME
NO ITIN
NO DATA

※ PNR은 완성이 되어 PNR Address를 얻기 전까지는 I(Ignore)를 하지 않는 한 계속 작업장에 남아있고 따라서 항공 *R를 통해서 확인할 수 있다.

2) End Of Transaction과 Redisplay의 동시작업

EOT(End Of Transaction)후에 PNR은 Main Computer에 보관되고, 이는 다시 해당 PNR Address를 이용하여 Display 할 수 있다. 그러나 많은 경우 예약직원은 PNR을 완성하면서 다시 Display를 하여야 하므로 다음과 같은 지시형식을 사용한다.

(1) E*R 지시어

E*R ↵	EOT후 Redisplay

End Of Transaction과 Redisplay의 동시작업 입력 화면

```
1. 1KIM / JINHOMR   2. 1BAE / SINAMR
1 KE 705 K SU  15SEP ICNNRT HS2 1120 1335 CABIN Y
FONE-ZR6-B 701-1364 LEE / YONGILMR
▶ E*R↵
  RECOMMENED RSVN IS NIL
  PRESS ENTER KEY OR INPUT NEW RSVN NBR
▶ E /↵
1. 1KIM / JINHOMR   2. 1BAE / SINAMR
ZR8KEC3  30JUN UXHJOS / 7051364
1 KE 705 K SU  15SEP ICNNRT HS2 1120 1335 CABIN Y
FONE-ZR6-B 701-1364 LEE / YONGILMR
TL-CSEL13 / 1955 / 20JUN  ROK TTL
GEN FAX-OSIKE RSVN NBR IS 7051364
▶
```

※ 상기 Display는 EOT를 하고 다시 PNR을 Display한 결과와 같은 것으로 Booking Office 및 Data 그리고 PNR Address가 나타나 있다.

(2) E / 지시어

E / 특정번호 ↵

E / 지시어 입력 화면

```
1. 1KIM / JINHOMR          2. 1BAE / SINAMR
1 KE 705 K SU  15SEP ICNNRT HS2  1120  1335  CABIN  Y
2. KE 703 K WE 18SEP NRTICN HS2  1300  1500  CABIN  Y
FONE-ZR6-B 701-1364 LEE / YONGILMR
▶ E↵
  RECOMMENED RSVN IS NIL
  PRESS ENTER KEY OR INPUT NEW RSVN NBR
▶ E /↵
  OK 705-6364    TTL / 10SEP 1800
  THANK YOU FOR BOOKING KE
▶
```

※ 상기 Display는 EOT를 하고 다시 PNR를 Display한 결과와 같다.

3) End Of Transaction과 특정 예약번호 부여의 동시작업

(1) 특정예약번호 입력

원래 예약번호는 EOT작업 시 시스템이 자동적으로 부여하며 이때 Fone Field의 첫 번째 전화번호와 같거나 유사한 번호가 부여될 수 있으나, 해당 PNR 번호가 이미 존재한다면 비슷한 다른 번호를 부여하게 된다. 그러나 예약 자가 원하는 특정번호를 지정해서 예약번호를 부여받을 수도 있다.

특정 예약번호 부여의 입력 화면
▶ *R↵
1. 1KIM / MIHWAMRS   2. 1KIM / HANKOOKMR
1 KE 705 K SU 15SEP ICNNGO HS2 1020 1200 CABIN Y
2. KE 703 K WE 18SEP NGOICN HS2 1300 1450 CABIN Y
FONE-ZR6-B 701-1364 LEE / YONGILMR
▶ E*R↵
RECOMMENED RSVN IS NIL
PRESS ENTER KEY OR INPUT NEW RSVN NBR
▶ E / 555-7575↵
1. 1KIM / MIHWAMRS   2. 1KIM / HANKOOKMR
ZR8KEC3 / JIJJANGMR / 555-7575
1 KE 705 K SU 15SEP ICNNGO HS2   1020 1200 CABIN Y
2 KE 703 K WE 18SEP NGOICN HW2   1300 1450 CABIN Y
FONE-ZR6-B 701-1364 LEE / YONGILMR
T / L-CSEL 12 / 1855 / 10SEP 1800 ROK TTL
GEN FAX-OSIKE RSVN NBR IS 555-7575
▶

지시어 키를 누르거나 또는 원하는 특정 예약 번호를 입력하는 뜻.

(2) 지정번호가 기존 PNR 예약번호로 사용 중일 때

지정번호가 기존 **PNR** 예약번호로 사용 중일 때 입력 화면
▶ *R↵
1. 1KIM / MIHWAMRS   2. 1KIM / HANKOOKMR
1 KE 705 K SU 15SEP ICNNGO HS2   1020 1200 CABIN Y
2. KE 703 K WE 18SEP NGOICN HS2   1300 1450 CABIN Y
FONE-ZR6-B 701-1364 LEE / YONGILMR
▶ E*R
RECOMMENED RSVN IS NIL
PRESS ENTER KEY OR INPUT NEW RSVN NBR
▶ E / 35
DUPE 35
RECOMMENED RSVN IS NIL
PRESS ENTER KEY OR INPUT NEW RSVN NBR
▶ E /↵

2. PNR의 작성 완료시 ERROR인 경우

PNR 작성완료시 에러 응답 메시지가 뜨면 PNR이 완성되지 않는 경우이며
이때는 반드시 잘못된 해당부분을 수정하고 다시 "E"를 쳐야 PNR이 완성이 된다.
만약 수정을 하지 않고 다시 한번 "E"를 치는 경우에는 "Modify Record(기록수
정)"이라는 응답이 나타나며 PNR이 완성되지 않는다.

1) PNR 작성 완료시 Error 해당사항

① Invalid Name PSGR 1: 첫 번째 승객명이 Infant인 경우

② Invalid No In Pty SEG1: 입력된 승객수와 여정의 좌석수가 불일치

③ SEG Continuity SEG 2: 여정의 연속성이 맞지 않는 경우

④ Need Indexable SEG: PNR상에 Air SEG가 하나도 없는 경우

⑤ Need Phone: 전화번호가 없는 경우

⑥ Invalid 1St Phone: 첫 번째 전화번호가 승객번호와 Relation된 경우

⑦ Need INF Fact: Infant Name은 있으나 INF Fact가 없는 경우

⑧ CHK INF Fact: INF Fact는 있으나 INF Name이 없는 경우

⑨ Input GRP Fare Basis-GRPS: GRP 예약 시 GRP Fact GRPS 사항이 없는 경우

⑩ Invalid Ap Fax Item1: AP Fax 1번 사항이 ZZI 또는 ZZR인 경우

2) PNR 작성 완료시 ERROR 사례

(1) 첫 번째 승객명이 Infant(소아)인 경우

첫 번째 승객명이 **Infant(소아)**인 **Error** 입력 화면
1. I/1KIM/WONHEEMISS   2. 1PARK/MIOKMRS
1 KE 705 K SU 15SEP ICNNGO HS1 1020 1200 CABIN Y
2 KE 703 K WE 18SEP NGOICN HS1 1300 1450 CABIN Y
FONE-ZR6-B 701-1364 LEE/YONGILMR
AP FAX-OSIYY 1INF 12MONS
▶ E*R
RECOMMENED RSVN IS NIL
PRESS ENTER KEY OR INPUT NEW RSVN NBR
▶ E/↵
INVALID NAME PSGR 1
▶

└── 아기 이름은 첫 번째로 올 수 없으며, 혼자서 여행할 수 없다.

（2） 입력된 승객의 이름수와 여정의 좌석의 수가 일치하지 않은 경우

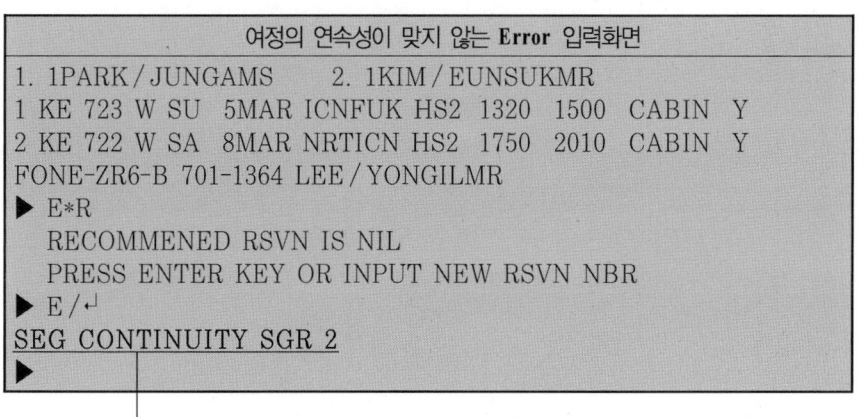

입력된 승객 이름과 여정 좌석이 **Error**인 입력 화면
1. 1PARK / JUNGAMS   2. 1KIM / EUNSUKMR
1 KE 723 W SU 5MAR ICNFUK HS1 1320 1500 CABIN Y
2 KE 722 W SA 8MAR FUKICN HS1 1600 1750 CABIN Y
FONE-ZR6-B 701-1364 LEE / YONGILMR
▶ E*R
RECOMMENED RSVN IS NIL
PRESS ENTER KEY OR INPUT NEW RSVN NBR
▶ E / ↵
INVALID NO IN PTY SGR 2
▶

└── 좌석 수를 맞추어 주거나 승객 수를 조정해야 한다.

（3） 여정의 연속성이 맞지 않는 경우

여정의 연속성이 맞지 않는 **Error** 입력화면
1. 1PARK / JUNGAMS   2. 1KIM / EUNSUKMR
1 KE 723 W SU 5MAR ICNFUK HS2 1320 1500 CABIN Y
2 KE 722 W SA 8MAR NRTICN HS2 1750 2010 CABIN Y
FONE-ZR6-B 701-1364 LEE / YONGILMR
▶ E*R
RECOMMENED RSVN IS NIL
PRESS ENTER KEY OR INPUT NEW RSVN NBR
▶ E / ↵
SEG CONTINUITY SGR 2
▶

└── 여정을 맞춰주거나 ARNK를 넣어주면 된다.

(4) PNR상에 AIR SEG가 하나도 없는

경우(AUX SEG 또는 ARNK만 있는 경우)

AIR SEG가 없어서 Error 입력화면

1. 1PARK / JUNGAMS   2. 1KIM / EUNSUKMR
NO ACTIIVE SEGS
FONE-ZR6-B 701-1364 LEE / YONGILMR
▶ E∗R↵
  RECOMMENED RSVN IS NIL
  PRESS ENTER KEY OR INPUT NEW RSVN NBR
▶ E / ↵
<u>NEED INDEXABLE SGR</u>
▶

(5) Fone Field Error에서 전화번호가 없는 경우

Fone Field Error 입력화면
1. 1LEE / EUNHYEMRS 2. 1LEE / SUKUNMR 3. I / LEE / JUNGJINMSTR 1 KE 702 K SA 26SEP ICNNRT HS2 0930 1130 CABIN Y 2 KE 723 K WE 29SEP NRTICN HS2 1240 1410 CABIN Y NO DATA ▶ E∗R↵ NEED PHONE ▶

(6) 첫 번째 전화번호가 승객번호와 Relation된 경우

첫 번째 전화번호가 승객번호와 **Relation**되어 **Error** 입력화면
1.1KIM / MIJAMRS
1 KE 815 K WE 1JAN ICNSYD HS1 2035 0740*1 CABIN Y
2 KE 814 K TU 9JAN SYDICN HS1 1930 0710*1 CABIN Y
FONE-1 ZR8-H 755-5223 LEE / EUNBI
2. ZR8-T 123-4567 KYOWON LEE/NAMWOO
▶ E*R
RECOMMENED RSVN IS NIL
PRESS ENTER KEY OR INPUT NEW RSVN NBR
▶ E /↵
INVALID IST PHONE
▶

└──── 승객번호를 지정해서 오는 경우는 첫 번째 전화번호로 올 수 없다.

(7) Infant Name이 있으나 INF Fact가 없는 경우

Infant Name이 있으나 INF Fact가 없어 Error 입력화면
1. 1KIM / MIJAMRS   2. I /1LEESIWUMSTR
1 KE 815 K WE 1JAN ICNSYD HS1 2035 0740*1 CABIN Y
2 KE 814 K TU 9JAN SYDICN HS1 1930 0710*1 CABIN Y
FONE-1 ZR8-T 725-6003 LEE / NAMWOO
▶ E*R
RECOMMENED RSVN IS NIL
PRESS ENTER KEY OR INPUT NEW RSVN NBR
▶ E /↵
NEED INF FACT
▶

(8) INF Fact는 있으나 INF Name이 없는 경우

INF Fact는 있으나 INF Name이 없어 Error된 입력화면
▶ *R
1. 1KIM / MIJAMRS
1 KE 815 K WE 1JAN ICNSYD HS1 2035 0740*1 CABIN Y
2 KE 814 K TU 9JAN SYDICN HS1 1930 0710*1 CABIN Y
FONE-1 ZR8-T 725-6003 LEE / NAMWOO
AP FAX-OSIYY 1INF 15MONS
▶ E*R
RECOMMENED RSVN IS NIL
PRESS ENTER KEY OR INPUT NEW RSVN NBR
▶ E / ↵
CHECK INF FACT
▶

(9) 단체예약 시 Group Fact가 없는 경우

단체예약 시 Group Fact가 없어 Error 입력화면
1.G / 20AJUMMA / PTY@
1 KE 815 K WE 1JAN ICNSYD NG20 2035 0740*1 CABIN Y
2 KE 814 K TU 9JAN SYDICN NG20 1930 0710*1 CABIN Y
FONE-1 ZR8-T 725-6003 LEE / NAMWOO
2. ZR83-H LCTC SYD AENCY 51254-25100541
▶ E*R
INPUT GRP FARE BASIS-GRPF
▶

제2절
PNR 판독과 확인방법 실무실습

1. PNR 판독 방법 실무실습

```
① 1. KIM / YEONSOOKMRS          2. I / 1LEE / SANGSULMR
② ZR8KEC3  3MAY JHDLOI / 780-7825
③ 1 KE 815 K WE  1JAN ICNSYD HS2 2035 0740*1 CABIN Y
③ 2 KE 814 K TU  9JAN SYDICN HS2 1930 0710*1 CABIN Y
④ FONE-1 ZR8-T 725-6003 LEE / NAMWOO
④ 2. ZR83-H 031-425-7264
⑤ TL-CSEL112055 / 20DEC ROK TTL
⑥ TKT0Q018DECZR81500C3
⑦ AP FAX-OSIYY 1INF 6MONS
⑦ 2. 1 SSRPSPTKEHK1 / GS1234567 / KR / 26APR69 / KIM / YEONSOOK / F
⑦ 3. 1 S1 SSRBSCTKEPN1
⑦ 4. 1 S2 SSRBSCTKEPN1
⑧ GUN FAX-OSIKE RSVN IS 780-7825
⑨ RMKD-PAX WL RCFM TO KE IC3C3GSO945L / 03OCT
▶
```

① Name Field
② Booking Office / Date / PNR Address
③ Itinerary
④ Fone Field
⑤ Time Limit Field
⑥ Ticket Field
⑦ Airport Fact Field
⑧ General Fact Field
⑨ Remark Field

2. PNR 조회 확인방법

완성된 예약기록은 Main Computer에 보관되어 있기 때문에 고객의 사정이 생겨 여정의 변경·취소 또는 예약재확인 등 다양한 이유로 조회해 볼 수가 있는데, PNR을 조회하는 방법에는 5가지 방법이 주로 쓰이고 있으며, 먼저, PNR Address을 이용하는 방법과 비행기편과 승객성명의 이용, 예약가능편 또는 스케줄을 이용, 승객성명을 이용, Skypass 번호를 이용하는 방법이 있다.

1) PNR Address의 이용방법

예약변경이나 예약재확인을 원하는 승객이 자신의 예약기록을 알고 있을 경우

* ABCDEF ↵

* 7256003 또는 725-6003 ↵

PNR Address 이용 응답 화면
1. 1LEE / SOOKJAMRS   2. 1KIM / SEUNGHEEMRS
S6CKEGS 12JUL ABCDEF / 7256003
1 KE 617 K SA 25JUL ICNHKG HK2 0850 1120 CABIN Y
2 KE 618 K WE 29JUL HKGICN HK2 1250 1705 CABIN Y
FONE-S6C-B 701-1364 LEE / YONGILMR
GEN FAX-OSIKE RSVN NBR IS 7256003
▶

2) 비행편과 승객성명의 이용

(1) 일반적인 방법

```
*KE901 / 10JULICNCDG-JANG / YANGLAE ↵
```

```
*KE901 / 15JUL ICN-JANG / YANGLAE ↵
```
→ `*2 ↵` LIST 번호

(2) 단구간 혹은 비행 중 날짜변경이 없는 다구간 운항비행편

```
*KE651 / 15JUL-JANG / YANGLAE ↵
```

(3) 미확정예약의 경우(Open 여정일 경우)

```
*YY0 / 15JUL-JANG / YANG LAE ↵
```

(4) 대기자예약의 경우

```
*WLKE901 / 15JULICNCDG-JANG / YANGLAE ↵
```

```
*WLKE901 / 15JULICNLAX-JANG / YANGLAE ↵
```

```
*WLKE901 / 15JUL-JANG / YANGLAE ↵
```

```
*WLKE901 / 15JUL XXX-JANG / YANGLAE ↵
```

(5) 단체예약의 경우

```
*KE018 / 15JULING-G ↵
```

3) 예약 가능편 또는 스케줄을 이용하는 방법

예약 가능편 화면에는 비행편/일자가 포함되어 있으므로 이를 이용하여 해당 비행편에 예약되어 있는 승객의 예약기록을 찾을 수 있다.

(1) 먼저 승객이 예약되어 있는 구간의 예약 가능편 또는 스케줄을 확인한다.

| A15JULICNNRT ↵ | → | *1-JANG/YANGLAE ↵ | 1: AVBLITY NBR |
| | | *WL1-JANG/YANGLAE ↵ | 대기자 예약인 경우 |

```
                   예약가능편 또는 스케줄 조회하는 응답 화면
▶ A06JUNICNNRT↵
06JUN  TUE  1200 ICN-TYOKYO. JP                                NTE
1 ICN NRT 0930 1130  F8 C0 Y0 W0 H0 K0      KE 702  744   0 A 502
                     M9 L9 B0 S0 V0 Q0 GR
2 ICN NRT 1030 1230  C9 W9 Y9 K9 M9 H9 L9   KE 002 M110   0 A 502
                     Q9 B9 S9 V0 GR
3 ICN NRT 1100 1300  F9 C9 Y9 W9 H9 K9      KE 704  744   0 A 502
                     M9 L9 B9 S9 V9 Q9 GR
4 ICN NRT 1840 2040  F9 C9 Y0 W0 H0 K0      KE 706  744   0 A 502
                     M0 L0 B0 V0 Q0 GR
NOTE 502 NON SMOKING FLIGHT LEG
▶ *1-JANG/YANGLAE↵
1.1JANG/YANGLAEMS
ZR8KEC3 19MAY EKIFHS/722-5412
1 KE 702 M FR 06JUN ICNNRT   HK1   0930 1130      DS-M7H24Q
2 KE 701 M MO 8JUN NRTICN    HK1   1600 1800      DS-M7H24Q
FONE-ZR8-T 123-4567 KYOWON LEE/NAMWOO
GEN FAX-OSIKE RSVN IS 722-5412
▶
```

(2) 11:00에 출발하는 비행편에 예약했다면

| *3-JANG/YANGLAE ↵ |

(3) 18:30에 출발하는 비행편에 대기자로 예약되어 있다면

---

*WL4-JANG / YANGLAE ↵

---

(4) 유사명단

비행편 / 일자 또는 AVBLTY / SKD Display를 이용하여 PNR을 찾는 경우 정확히 Match가 되는 경우는 바로 PNR이 Display되지만, 그렇지 않은 경우에는 유사명단(Similar Na me List)이 Display가 된다.

유사명단 응답 화면
KE901 / 15JULICN-KIM
1. 1KIM / INFEUNMR   2. 1KIM / SIJOONG X
3. 1KIM / YOULEEAM   4. 1KIM / YOONCHAE
5. 1KIM / EUNGSULM   6. 1KIM / HESUNGMR X
7. 1KIM / HAEKEUNM   8. 1KIM / TAEHOONM
9. 1KIM / YOUNGNM   10. 1KIM / JUNGHOMS

※ 'X'는 해당승객의 예약이 변경 또는 취소가 되었음을 의미한다.

가. 명단 중에 해당여객 PNR의 Display 할 때

---

*4 ↵   4번째 승객의 PNR을 Display

나. PNR Display 다시 List로 돌아갈 때

---

*L ↵   화면상의 Display 한 PNR이 찾고자 하는 승객이 아닐 경우 다시 유사명단 확인

---

4) 승객성명 이용 방법

| *N*JANG / YANGLAE ↵ | → | *725-6003 ↵ | PNR Address로 조회

5) Skypass 번호 이용 방법

| R*BK5896107 ↵ | Skypass Card 조회 → | RP ↵ | 해당 예약되어 있는 PNR

※ 비행편과 날짜, AVBLITY / SKD Display를 이용하여 PNR을 찾는 경우 정확
  히 Match가 되는 경우도 있지만 유사 명단이 Display 되는 경우도 많다.

3. 예약기록 읽는 방법

1) PNR History 정의

　　PNR 작성완료 후 변경된 내용과 이미 여행을 완료한 여정을 보관·기록하고
있는 부분을 말한다. 1회의 Transation에서 행해진 변경내역과 변경을 한 날짜
및 직원의 업무 코드가 한 단위로 기록되어 있으며, 변경내역별로 각각의 코드를
정하여 구분하기 쉽게 기록되어 있으며, PNR의 각 Field별 추가사항이나 변경
Action은 변경내역부분에 남지만, General / Airport Facts 및 RMKS란의
변경은 기록되지 않는다.
　　(단, APFX 중 ASP 관련사항은 예외라 할 수 있다).

2) PNR History 읽는 방법

　　PNR History를 확인 시 반드시 확인하고자 하는 PNR을 화면상에 나타내
어야 한다. 그 후 '*H'라는 지시어를 이용하여 해당 PNR의 History를 확인할
수 있다.

(1) 최초의 예약 후 변경내역이 없는 경우

*H ↵

지시어

① RCVE-JANG / YANGLAE
② ZR8 ③ KE ④ R8 ⑤ 1221Z / 16JUL
⑥ NO HISTORY
⑦ NO FLOWN SEGS
▶

① RCVD-PAX: 예약을 요청한 사람은 Passenger(PNR 6번 FIELD에 기입하였을 경우에 나타남)
② ZR 8: 단말기의 City Code
③ KE: 대한항공 항공사명
④ R8: 작업자의 Reference Code
⑤ 1221Z / 16JUL: 16JUL 12시 21분에 명력을 입력하였음
⑥ No History: PNR 변경내용이 없음
⑦ No Flown SEGS: 출발날짜가 지난 여정이 없음

(2) 최초예약 후 변경내역이 있는 경우

최초예약 후 변경내역이 있는 응답화면
① RCVD-JANG / YANGLAE
① ZR8 KE R8 2254X / 27JUN
② AS KE 645 K TU 27JUL BKKICN HS2 0810 1540 CABLN Y
② ZR8 KE R8 RB2656 2300Z / 20JUN
③ NO FLOWN SEGS
▶

① 최초예약기록 작성내역
② 변경내용
 - 변경내용 새로운 여정(KE645 / 27JUL)의 추가예약을 의미하고, 변경부분의 내용별로 2 Lerrer Code화시킴(AS: Added Segment).
 - 변경을 한 사람 CITY ZR8의 R8 Reference Code를 가진 직원이 고유번호가 규 2656인 단말기로 6월 20일 23시(GMT)에 상기 변경 Action 취함.
③ 이미 탑승을 완료한 여정이 없음

(3) 변경내역 2 Letter Code

〈표 6-1〉 변경 History 보기

2-Letter Code	변 경 내 용
XS(Cancelled Segment)	취소한 여정
AS(Added Segment)	추가한 여정
SC(Segment Status Change)	예약상태 코드의 변경 (예. HK / RR1: HK에서 RR로변경)
XN(Cancelled Name)	취소된 여객성명
AN(Added Name)	추가 또는 변경된 여객성명
XF(Cancelled Fone Field)	취소된 전화번호
X7(Cancelled Tkt Field)	취소된 7 Field(항공권)
XT(Cancelled T / L Field)	취소된 8 Field(Time Limit)
X4(Cancelled Asp)	취소된 ASP(사전 좌석배정)
DD(Divided)	PNR이 Divide 됨
	(Divide되어 별도로 만들어진 PNR Ads가 함께 기록됨)

4. PNR History의 예

PNR History 응답화면
RCVD-JANG / YANGLAE
ZR8 KE R8 0600Z / 27JUN
① XS KE 202 M TH 15JUL ICNLAX HK1 1700 1200
① AS KE 15 K TH 16JUL ICNLAX HL1 1840 1400 CABIN Y
① X4 ZZRNSSAKEPN1
① A4 SSRNSSWKENN1
② PAX ZR8 GS R8 FCE127 2250 / 2JUL
③ SC KE 18 M TH 16JUL ICNLAX HL / KL1 1840 1400
④ KL ACT 1009Z / 9JUL
⑤ SC KE 18 M TH 16JUL ICNLAX KL / HK1 1840 1400
⑥ ZR8 GS R8 FC6910 1010Z / 10JUL
⑦ SC OZ155 K TH 18JUL LAXNYC ON / KK1 1805 2113 DA-TR125J
⑧ SELKETHZGCDKE0025VG HDQ OZRM FFFFFF 1010Z / 7JUN
⑨ XF ZR8-H 02-7654567 JJANG
⑨ X7 Q26JUNZR8 1800R8 10JUL
⑩ ZR8 GS R8 FC6910 2255Z / 26JUN
⑪ DD V5ANNL / 562-7945
⑫ QEP / S6C / 00 ZR8 GS R8 FC6910 0150Z / 27JUN
⑬ 1 KE 17 K FR 25JUL LAXICN HK1 1500 1030 CAB Y

① 변경내용
 - KE 202(15JUL)을 취소하고 16JUL 대기자로 변경함
 - AP FAX(4번 Field) NSSA를 취소한 후 NSSW로 변경 요청함
② 변경자-①번 사항을 요청한 사람(PAX)과 해당 작업을 한 Booking Office 직원
③ HL을 KL로 변경함
④ ③번 사항의 변경 작업자
⑤ KL을 HK로 변경함
⑥ ⑤번 사항의 변경 작업자
⑦ PN을 KK로 변경(OAL 구간의 예약관련 사항은 System에서 Auth 처리함)
⑧ ⑦번 사항의 변경 작업자
⑨ 전화번호 / 7번 Field 삭제
⑩ ⑨번 사항의 변경 작업자
⑪ PNR이 Divide 되었으며 상대 Divide PNR Address
⑫ S6C / 00번으로 PNR Queue, 작업자
⑬ 탑승을 완료한 여정

제7장 단체예약 실무실습

제 **1** 절
단체예약 실무실습

1. 단체예약의 정의

1) 단체예약의 정의와 형태

단체예약이란 10명 이상의 구성원이 동일구간을 동일편을 이용하여 여행 가거나 그룹요금을 적용받아 여행하는 경우를 말하며, 그룹 요청 시 반드시 단체명(Group Name), 총인원수(TCP) 및 적용운임(Fare INFO)을 입력해야 하고, 미입력 시 PNR 작성이 불가하다. Group Name의 변경은 불가하며, Group 구성원 명단의 변경허용범위 및 Dead Line은 별도로 규정하고, 특정 Group을 위하여 요청한 좌석이 확보되지 않을 경우 필요한 좌석을 개인여객으로 분산하여 좌석을 확보하는 것은 금지되어 있다. 또한 예약된 Group좌석은 다른 Group으로 대체할 수 없으며, 개인으로 Divide하여 예약할 수 없다. 또한 어린이 경우에는 2명을 성인1명으로 인정을 해준다. 또한 단체예약은 실제 모객이 없는 상태에서 좌석을 확보해 놓기 위해 미리 좌석을 예약하고 나중에 고객을 모객하는 형태와 승객이 모객된 상태에서 좌석을 확보하는 형태 2가지로 나누어진다.

2) 단체예약의 특성

① 일반 CR Mode에서는 대한항공(KE), MARS Mode에서는 타이항공(TG)만 단체예약이 가능하며 그 외 항공사의 단체예약은 각 항공사로 직접 요청하여야 한다.
- ICN-KE-PAR-KE-ICN: TOPAS에서 단체예약 가능
- ICN-KE-PAR-AF-LON-KE-SEL: TOPAS에서 단체예약 가능
- ICN-AF-PAR-AF-LON-BA-AR-AF-ICN: 항공사 AF로 직접 요청

② 단체예약은 PNR을 작성한 뒤 항공사로 PNR을 Queue를 통해 전송하여 일단 PNR Request를 한 뒤, 차후 항공사로부터 좌석확약의 여부를 전송받아야 한다.

2. 단체 여정의 작성

1) 단체명 입력이나 이름 입력

| -G / 20 AJUMMA / PTY ↵ | 실제 이름이 없는 경우 단체명을 입력

※ G: Group Indicator
　20: 실제 이름이 없는 총인원수
　Ajumma: 단체명(임의로 정하면 된다)
　PTY: Party

| -JANG / YANGLAE MS ↵ | 실제 이름이 있는 경우

2) 여정의 작성

| 0KE901G13JULICNCDGNG20 ↵ | Direct Segment 방식으로 작성

※ G: GRP Class
　　NG: KE 좌석요청 코드(타항공사는 NN으로 요청)

3) 전화번호 작성

개인 예약과 같이 동일한 방법으로 작성하며, 항공사 측에서 돌아오는 편 예약에 대한 재확인을 할 수 있도록 반드시 LCTC(Local Contact Phone)을 입력한다(미 기입의 경우 예약 취소되는 경우도 있다).

(1) 여행사 전화번호 입력

| 9T*725-6003 KYOWON LEE / NAMWOO ↵ |

(2) 현지 전화번호 입력

| 9T*LCTC TYO HYATT HOTEL 232-933-2890 ↵ |

4) Group Data 작성

단체예약에서 꼭 넣어야 할 사항으로 입력내용은 단체명, 단체구성원의 총인원(TCP) 기입, 단체할인요금의 요금수준(Fare Basis)이다.

(1) Grpf(Group Fare Basis Data)

| 4P GRPF GV 10 ↵ |

단체예약 시 반드시 작성

Group Inclusive Tour   최소 단체 구성원 수

(2) GRPS: Psgr Travelling Together Data(단체 성격 또는 단체명)
TCP: The Complete Party Is(총원)

| 4F GRPS TCP20 ABC/PTY ↵ |

- GRPS와 TCP Data는 동시 입력 가능
- Name Field에서 단체명이 입력된 경우는 GRPS와 TCP Data가 EOT 시 자동 생성된다. 따라서 실제 승객 이름으로만 Name Field를 작성한 경우에만 수동 입력된다.

(3) 기타 DATA 입력

GTA(Group Travel Advice), LCTC, H/A(Handing Agent), T/G (Tour Guide), T/C(Tour Conductor)에 관한 사항을 Fact, Remark, Phone Field를 사용하여 입력한다.

3. 완성된 단체예약 PNR

1) 최초의 단체명으로 입력시 PNR

<table>
<tr><td align="center">최초의 단체 입력 PNR 화면</td></tr>
<tr><td>

▶*R↵
1. G / 16INHA / PTY@
S1WKE1W 21MAY TWDWSH / 555-5312
1 KE 643 G FR 23JUL   ICNSIN HK16   1005 1545   CABIN Y
2 KE 644 G SU 25JUL   SINICN HK16   2250 0635*1 CABIN Y
FONE-S1W-T 725-6003 KYOWON LEE/NAMWOO
TL-S1W12 / 2300 / 02JUL GRP RVW 2.ICN12 / 2300 / 02JUL GRP RVW
3. QQG12 / 2300 / 13JUL NM TL CHK
AP FAX-SSRGRPSYY TCP32 INHA / PTY
GEN FAX-OSIKE RSVN NBR IS 555-5312
2. SSRGRPFYY GV10
RMKS-GT-PRICE AUTH REQUESTED S1W1WGS211PL / 21MAY
2. DVD / NEW*RI833U* QQGTRRC1525L / 11JUL
3. GRP RVW TL X 02JUL X CHK DEF TRVL N ADVN QQGTR-
   RC1525L / 113UN
4. GRP NM TL X 13JUL X NO NM WL BE CNXLD W / 0 NOTICE
   QQRTRRC15 25L / 11JUN

</td></tr>
</table>

2) 총인원 중 마지막 한 명을 입력하지 않았을 경우 PNR

마지막 한명을 입력하지 않는 화면

▶ *3086596↵
  1. 1CHOI / SANGILMR   2. SONG / EUNDAEMR
  3. 1CHO / SUNKYUMR   4. 1KIM / SAMGUENMR
  5. 1SONG / YEONHEEMS   6. 1YUN / JUNGHEEMS
  7. 1LEE / HONGKEUMMS   8. 1LEE / HONGAEMS
  9. 1JO / SEUNGJAMS
10. 1KIM / KUNGAEMS
11. 1LEE / JUNGJAMS
12. 1BAEK / JUNGNAMMS
13. 1OH / EUNSUKMS
14. 1KEE / AEJAMS
15. 1NA / KEUMBOKMS
16. 1KANG / CHANGNAMMS
17. 1PARK / DUKSOONMS
18. 1JUNG / SOONJAMS
19. 1JEONG / DAEWOONGMR
20. 1KIM / BYOUNGKIMR
21. 1PARK / JUNGHEEMS
22. 1TOUR / LEADER@
S1WKE1W 14JUN SHZRP8 / 308-6596
 1 KE 641 G MO 5JUL ICNSIN HK22 1005 1545   CABIN Y
 2 KE 642 G TH 8JUL SINICN HK22 2205 0635*1 CABIN Y
FONE-S1W-T HSA RVL 777-9444 MYUNG / SUNGHEE
AP FAX-SSRGRPFYY TCP22 G / 22HSA / PTY
GEN FAX-OSIKE RSVN NBR IS 308-6596
2. SSRGRPFYY GV10
    RMKS-GTO PRICE AUTH REQUESTED S1W1WGS1806L / 14JUN
2. *-HSA INCENTIVE PTY *** ALL REAL NAME
    -***** S1W1WGS1811L / 14JUN
3. SEG1.2 KL X PLS X ALWAYS TRY MUCH-
4. ATTN RC X PLZ DAPO CFM X TKS X GRP CY / SHIN-ICNFU-
    SU1812L.14JUN
5. 20-21 ALRDY DUPE PNR X 216-2900 QQGDRC0843L / 26JYN

3) 전체인원의 성명이 입력될 경우 PNR의 예

전체 인원의 성명이 입력된 화면
1. 1PARK / JIYOUN / HEUIKYUNGMS   2. KIM / HEUI JEONGMS
3. 1YOON / JEONGWEONMS   4. 1PAPK / SOOKHEUIMS
5. 1NAM / JEONGAHMS   6. 1KWAK / DAEYEONGMR
7. 1JANG / JAEWEONMR   8. 1LEE / DONGJINMR
9. 1SHON / BYEONGMOMR   10. 1PARK / GEUNYEONGMR
ZR6KER6 6MAR KH3063
1 KE 17 G FR 30JAN ICNLAX NG10 1500 0955 CABIN Y
2 KE 12 G TH 5FEB LAXICN NG10 0120 0635 CABIN Y
FONE-ZR6-T 726-6461 TOPAS MS NAM
2. ZR6-B LAX LCTC HILTON HTL 211-222-2323
AP FAX SSRGRPSYY TC10 SBS / PTY
GEN FAX-OSIKE RSVN NBR IS KH3063
2. SSRGRPFYY YGV10
PMKS-T / G JANG / JAEWEON ZT6KER60928L / 06MAR
▶

4. Queue 전송(KE)

1) 국제선 단체 PNR

QFP / QTQ / 2 ↵

2) 국내선 단체 PNR

QFP / QSE / 2 ↵

5. 총원의 증가시 처리 방법

(1) 인원 증가분만큼의 추가 PNR 작성
(2) 최초 PNR 수정 작업

1) TCP 수정

| 41@F TCP25 TOPAS/PTY ↵ | 증가된 총원 수 |

2) 동행자 PNR Address 입력

| 4F TCP25 WZ PNR 111-1111 ↵ | With |

※ 단체 PNR 작성 후 인원이 증가할 경우에는 따로 추가된 인원만큼의 PNR을 작성하되, 단체 PNR 작성의 경우처럼 NG로 좌석을 요청한다. FACT 사항으로 TCP를 입력하고 전체 인원수와 각자의 PNR번호를 입력한다.

6. Name Change 처리방법

(1) 출발일로부터 7일전까지 실제 승객 이름 입력
(2) Name CHNG는 출발일 3일전까지 전체 인원의 30%범위에서 변경 가능
(3) PNR에 "Name Change Item" 자동생성, 허용율 초과 시 EOT 불허
(4) 승객의 이름 수정을 위한 Action도 Name Change로 간주하여 Name Change 숫자로 처리
(5) Name Change 허용율 초과로 인해 Name Correction 불가한 경우

: Correction 필요사항은 7번 TKT Field를 이용하여 입력 후 FLT
Control City PNR Queue 37번으로 Queueing

```
┌─────────────────────┐   ┌─────┐   ┌───────────────┐
│ 711 N*LEESOOKJAMRS ↵ │ → │ E*R ↵ │ → │ QEP / SEL / 37 ↵ │
└─────────────────────┘   └─────┘   └───────────────┘
   승객번호
        NAME
```

Name Change 처리입력 화면
1. 1PARK / EUNHYEMS   2. 1KIM / YEONSOOKMRS 3. 1KIM / ARAMS   4. 1PAPK / SOOKHEUIMS 5. 1JANG / KYONGMINMR   6. 1KWAK / INKYONGMS 7. 1JUNG / JAEWOOKMR   8. 1LEE / JAEMINMR 9. 1CHOI / BYEONGMOMR   10. 1PARK / AOUNGMS 11. 1HA / JIYOUNGMS   12. 1SHIN / CHANCHULMR 13. 1KIM / YOUNGHAMR   14. 1KIM / KIYOUNGMR 15. 1JU / CHANJUMR QHDKEEB 6MAR TD25BG / 353-4545 1 KE 17 G FR 30JAN ICNLAX NG15 1500 0955 CABIN Y 2 KE 12 G TH 5FEB LAXICN NG15 0120 0635 CABIN Y FONE-ZR6-T 726-6461 TOPAS MS NAM 2. ZR8-B LAX LCTC HILTON 211-222-2323 AP FAX SSRGRPSYY TC10 SBS / PTY GEN FAX-OSIKE RSVN NBR IS KH3063 2. SSRGRPFYY GV10 **PMKS-\$\$NME CHNG...01 / 16-**6PCNT** 2.-GTO-PRICE AUTH REQUESTED QHDE너1415L / 20JUN ▶

※ 01: Name Change 이름수
　　16: PNR 내의 인원수
** 6PCNT: Name Change 허용율(6%)
　　Name Change 허용율과 비교하여 Name Change 후 EOT 허용 여부 결정에 사용됨

7. Seat Together 입력 방법

(1) 단체 승객 중 Seat Together를 원하는 경우 PNR내에 Fact사항으로
요청이 가능하며 공항 좌석 배정 시 적용될 수 있다.

(2) PNR이 나뉘어져 있을 경우에 있는 승객에 한해서는 서비스가 불가능하다.

42-4F GPST FAMILY ↵

※ 2. 3. 4 승객에 대해 Seat Together 요청
3명의 관계는 가족임.

제8장 Direct Access와 Sell, Locator Return 실무실습

제1절

Direct Acess, Sell, Locator Return

1. Direct Acess

① 가입항공사의 실제 최종예약 가능좌석수를 조회한 후 이에 의거, 예약하는 방식
으로 시스템을 연결하여 가입 항공사의 AVBLTY를 불러 TOPAS Format
으로 재구성한다.

② EOT 작업 후 Teletype Booking Message를 항공사로 보냄으로써 예
약된다.

③ Class, 임시편, 기타 정보 등 조회가 가능하다.

④ 해당항공사의 판매에 가장 유리한 스케줄 구성으로 AVBLTY를 제공한다
(CA · AP · CW · NZ · PX · AA · AN · MU · DL · JL · KL · KE ·
LH · PF · IE · RG · UA · VP: 총 18개 항공사가 가입).

2. Direct Sell

① 예약 시 가입항공사 시스템에 예약 지시어를 보내 여정이 만들어지는 방식
이며, 예약과 동시에 타 항공사의 OAL System Inventory를 잡는다.

② 예약처리가 대화형 및 실시간으로 이루어진다.(KE · KL · AN* · DL* ·
LH*: 총 5개 항공사가입 중) (단, *;LINK 미적용중).

3. Locator Return(*)

① 가입항공사의 Record Locator(PNR Address)를 TOPAS PNR의 여
정에 유지한다. EOT작업 후 Teletype Booking Message를 항공사로
보냄으로써 예약된다.

② 기존 Direct Access Plus 및 Direct Sell 가입사는 동 기능을 선택한
것으로 자동 간주된다(CA · AF · CW · NZ · PX · AA · AN · MU · DL ·
JL · KL · KE · LH · QF · IE · UA · VP: 총 17개 항공사 가입 중).

1) AVBLTY 조회방법

（1）기본 지시어에 *AA(항공사 코드)를 추가한다.

A23SEPICNBOS*AA ↵

AVBLTY 조회 입력화면

▶ A25JULICNBOS*AA↵
25JUL SUN 1200 ICN-BOS BOSTON.MA.US
** AA SYSTEM **
OFFER COMP LIMO SVC TO FIRST/BUS NRT PSGRS-SEE N*NRT LIMO
1 ICN SAX 25-1700 1200 F4 C4 Y0 Q0 M0 BA H0 K0 V0 AA6138 747 0 *
  AA618 3 IS AMERICAN EAGLE SERVICE
2 BOS 25-1530 0001*1F4 Y7 Q7 M7 B7 V7 K7 AA148 757 0
3 ICN LAX 25-2030 1540 F4 C4 Y0 Q0 M0 BA K0 V0 AA6140 747 0 *
  AA6140 IS AMERICAN EAGLE SERVICE
4 ICN SFO 25-2200 0627*1K4 Y7 M7 Q7 B7 H7 V7 K7 AA 192 757 0
5 ICN SFO 23-2020 1445 F4 C4 Y0 Q0 M0 BA H0 K0 V0 AA6142 747
  0 ** AA6142 IS AMERICAN EAGLE SERVICE
6 BOS 25-2200 0636*1F4 C4 Y7 Q7 B7 M7 H7 V7 K7 AA 198 762 0

(2) 기본화면에서 Direct Access And Sell 항공사 라인번호 선택

A27AUGICNDTT ↵	AD: Mandatory Entry
AD2 ↵	AD: Mandatory Entry

※ 2: AVBLTY상의 해당항공사 line 번호

Direct Access And Sell 항공사 라인번호 선택 입력화면

▶ A25JULICNDTT↵
25JUL SUN 1200 ICN-DTT DETRIT.MI.US NTE
1 ICN JFK 25-1000 1040 P3 C3 W0 Y0 L0 E0 K0   KE 081 744 0 502
H0 Q0 B0 S0 V0 GR T9
2/LGA DTW 25-1345 1541 F9 Y9 B9 V9 M9 H9 Q0 K0   NW 531 D9S 0 502
3 ICN LAX 25-1020 0800 F0 Y9 B9 V0 M9 H0 Q0 K0 KE 001 744 1
               Q0 N0 B0 S0 V0 GR T9
4/DTW 25-1035 1800 F0 Y9 B9 V0 M9 H0 Q0 K0   NW 330 757 0 502
5/ICN NRT 25-1205 1420 F4 C4 Y0 B0 M0 H0 Q0 V0   UA 882 744 0 502
6/DTW 25-1540 1430 F9 J9 C9 Y9 B9 V0 M9 H0 Q0   NW 012 747 0 502
▶
▶AD2↵
25JUL SUN 1200 ICN-DTT DETROIT. M I. US
** NW SYSTEM **
LGA ICNF SVC E-TKT CKIN AVAIL/LGA ALTERNATE EWR HPN JFK
1 LGA DTW 1345 1541 F9 Y9 B9 M9 H4 Q4 V0 K0   NW 531 D9S 0
2 LGA DTW 1248 1435 F7 J5 C5 Y9 B9 M9 H4 Q4 V0 G9 NW 087 320 0
3 LGA DTW 1605 1808 F9 Y9 B9 M9 H4 Q9 V0 K0   NW 815 757 0
4 LGA DTW 1059 1257 F9 Y9 B9 M9 H4 Q0 V0 K0   NW 539 D9S 0
5 LGA DTW 1745 1954 F9 Y9 B9 M9 H4 Q0 V0 K0   NW 894 757 0
6 LGA DTW 0929 1126 F9 J1 C1 Y9 B9 M9 H9 Q9 V0   NW 069 755 0
7 LGA DTW 1959 2201 F9 Y9 B9 M9 H4 Q0 V0 K0   NW 341 757 0
▶

2) TOPAS 기본 AVBLTY상의 Level 표기방법

AVBLTY상의 Level 표기 입력 화면
▶ A25JULICNLAMS↵
25JUL WED 1200 ICN-AMS AMSTERDAM.NL
1@ICN AMS 28-1245 1705 J7 CR SR BR HR QR VR   KL 866 74M 0
2 ICN CDG 28-1230 1740 C5 W0 Y0 K0 M0 L0 H0 B0   KE5901 343 0
V0 S0 Q0 GR
3@ AMS 28-1900 2010 J7 C7 S7 B7 M7 H7 Q7 V7   KL1240 737 0
4/ICN CDG 28-1230 1740 P4 A4 J4 C2 D4 Y4 H0 K4   AF 267   343 0 502
5* AMS 28-1900 2010 J7 C7 S7 B7 M7 H7 Q7 V7   KL1240 737 0
K7 L7

※ ① Indicator(Line Number 다음의 Column)
    *: Lovator Return
    /: Drect Access
    @: Direct Sell
  ② 2개 이상 Option을 선택한 항공사 경우 상위 Level의 Indicator로 표기

3) 예약 후 응답화면

AVBLTY상의 Level 표기 입력 응답 화면
1 YY 151 Y TH 20MAY NRTAX SS1 1205 2045
2 DL 1718 Q TH 20MAY YVRLAX HS1 1430 1709 DA
3 KL 244 W TH 20MAY FRAAMS HS1 2020 2130 DS

① DA: Direct Access
② DS: Direct Sell

4) End Of Transaction 후의 PNR

End Of Transaction 후의 PNR 입력화면
1. JANG / YANGLAEMS
ZT6KEAA 10APR PL2701
1 JL 925 Y TU 20JUL ICNNRT HKI 1335 1540 DA-FMG KQV
2 UA 232 Q WE 21JUL NRTFRA HK1 0820 1810DA
3 KL 244 H MO 25JUL FRAAMS HK1 1315 1540 DS-R178L3
4 XX 134 B SA 29JUL AMSSAO KK1 0835 2100 LR-AY67N

① 1: Direct Access와 Locator Return 가입항공사

② 2: Direct Access 가입항공사

③ 3: Direct Access와 Direct Sell 가입항공사

④ 4: Locator Return 가입항공사

제9장 MAARS 예약 실무실습

MAARS(Multi Access Airline Reservation System)는 예약기록을 작성하는 시스템에서 타 항공사 시스템을 스위치를 통해 접속하여 해당 타 항공사의 예약기록 작성조건에 맞추어 예약할 수 있는 시스템이다. MAARS Mode로 Link하여 예약하는 경우 각 예약기록 작성시 항공사마다 상이한 조건이 있다. MAARS로 Link되는 항공사는 AA와 DL, JL, KL, NH, LX, TG 등의 총 7개의 항공사들이 있다.

MAARS 예약 실무실습

1. MAARS 접속 방법

(1) // MA

MAARS에 접속

| LINK ESTABLISHED | MAARS 접속

(2) // JL

JL(Japan Airline) 항공사에 접속하는 방법

| // JL ↵ | 해당 항공사 접속

▶ // MA
  MULTI-ACCESS MODE-CHOOSE A / L
▶ // JL
  LINK ESTABLISHED
▶

2. 각 항공사에 접속하여 예약하는 방법

1) AA(American Airline) 예약방법

(1) 예약기록 구성요소: 승객성명, 여정, 전화번호, 항공권정보, 예약의뢰자
(6번 사항)

(2) 승객성명입력: 최대 55자 입력가능

(3) 좌석요청방법: 예약 가능편 조회 후 여정작성 또는 Direct Segment 지
시어 입력

(4) 항공권정보: 항공권 번호를 입력(70*)하며, 항공권을 구매하지 않았을
경우에는 발권시한(8번 사항)을 입력하면 된다.

AA(American Airline) 예약 입력 화면

▶ A25SEPSELSFO↵
LAXSFO DEPT TROM TERMINAL 3
25SEP WED LAX / PDT   SFO / PDT+O
FOR MORE AVATILABILITY SEE-BUR LAX ONT SNA
1 1912 F9 A9 Y9 B9 K9 H9 LAXSFO 9 635A 753A S80 0 XJS DC / E
    V7 M9 N9 Q9 S9 O9
2 1920 F9 A9 Y9 B9 K9 H9 LAXSFO 5 850A 1009A S80 0 DC DC / E
    V7 M9 N9 Q9 S9 O9
3 1928 F9 A9 Y9 B9 K9 H9 LAXSFO 7 110P 230A S80 0 DC DC / E
    V7 M9 N9 Q9 S9 O9
4 1936 F9 A9 Y9 B9 K9 H9 LAXSFO 8 330P 449A S80 0 DC DC / E
    V7 M9 N9 Q9 S9 O9
:▶

---

2) DL(Delta Airlines)에 접속하여 예약하는 방법

(1) 예약기록 구성요소: 승객성명, 여정, 전화번호(여행사, 승객 연락처), 항
공권 번호(70*) 또는 발권 시한(8번 Field)

(2) 승객성명 입력: 최대 55자 입력가능,

(3) 좌석요청방법: 예약 가능편 조회 후 여정작성 또는 Direct Segment Entry

DL(Delta Airlines) 예약 입력 화면

▶*ETTBLEF↵
이 RECORD LOCATOR ETTBLE ── PNR Address
1. 1JANG / YANGLAEMS
  1 DL1990 K SA 22FEB ICNLHR HK1 600A 120P
  FONE-1. KOT123-4567 KYOWON LEE / NAMWOO-.-3439
2. KOT031-775＝7251
  TLT-600P / 10FEB
▶

---

3) JL(Japan Air System) 예약방법

(1) 예약기록 구성요소: 승객성명, 여정, 전화번호, 예약의뢰자, 항공권 번호
    (7O*) 또는 발권시한 (8번 FIELD)

(2) 승객성명입력: 최대 55자 입력가능, 최대 9PAX 가능

(3) 좌석요청방법: 예약 가능편 조회 후 여정작성 또는 Direct Segment Entry

JL(Japan Air System) 예약 입력 화면

▶ WK3LAE↵
WK3LAE: ── PNR Number
1. 1LEE / YONGILMR   2. 1KIM.SIJOONGMR
1 JL952 Y 18OCT ICNNRT HK2 1340 1540 CABIN Y
  FONE-1.QKR 777-2222-.-0011
  TL-1.TLO
  RCVD-P
▶

4) KL(Klm Royal Dutch Airlines) 예약방법

(1) 예약기록 구성요소: 승객성명, 여정, 전화번호, 항공권 정보, 예약의뢰
   자, 항공권 번호(7O*) 또는 발권시한 (8번 Field)
(2) 승객성명입력: 최대 55자 입력가능, 최대 9PAX 가능
(3) 좌석요청방법: 예약 가능편 조회 후 여정작성 또는 Direct Segment
   Entry
(4) 기타

Divide 시 유의사항으로는 3번, 4번 Field 사항이 입력되어 있는 경우
PNR Divide하기 전 그 내용을 삭제한 후 Divide하여야 한다. 삭제하지 않은
상태에서 작업을 한 경우 다음과 같은 Error Response가 생긴다.

"Supplementary Information Exists"

KL(Klm Royal Dutch Airlines) 예약 입력 화면

```
▶ *2JJ4VD↵
1. 1 PARK / JUNGMR    2. 1KIM / JEMINMR
1 CO 925 H TU 27OCT   ICNTPE  HK2 1310 1450
2 KL 878 H TU 27OCT   TPEAMS HK2 1950 0610  1  1 M
  OWNER-KL 2JJ4VD ──────── PNR Number
  FONE-001 KOSKLT*777-333-.-0011
  TLT-1 KOSKL Q12 1800 MO12MAT
▶
```

---

5) NH(All Nippon Airlines) 예약방법

(1) 예약기록 구성요소: 승객성명, 여정, 전화번호, 예약의뢰자, 항공권 번호
   (7O*) 또는 발권시한 (8번 Field) 또는 항공권을 구매하지 않았을 경우
   에는 구매예정일(7Q)

(2) 승객성명입력: 최대 55자 입력가능, 최대 9PAX 가능

(3) 좌석요청방법: 예약 가능편 조회 후 여정작성 또는 Direct Segment Entry

(4) 기타: Divide 시 유의사항으로는 3번, 4번 Field 사항이 입력되어 있는 경우, PNR Divide 하기 전 그 데이터들을 삭제한 후 Divide하여야 한다. 삭제하지 않은 상태에서 작업을 한 경우 다음과 같은 Error Response가 생긴다. "Supplementary Information Exists"

NH(All Nippon Airlines) 예약 입력화면

1. 1SHIN / JOONGHYEONMR
2. 1AHN / JAEHONGMR
3. 1YANG / HYEOGMR
4. 1YU / GILRIMS
   QKT001 CCKT 6DEC <u>RUJ6KU</u> ——— PNR Number
   1 NH 114 Y TU 4FEB KIXHND HK4 1650 1805
   FONE-QKT00100-T 726-6469-.-0011
▶

---

6) LX(Swiss Air) 예약방법

(1) 예약기록 구성요소: 승객성명, 여정, 전화번호, 항공권 정보, 예약의뢰자

(2) 승객성명입력: 최대 55자 입력가능, 최대 9PAX 가능

(3) 좌석요청방법: 예약 가능편 조회 후 여정작성: 연결 항공편의 경우 예약 가능편 LINE 번호가 1개로 되어 있다. 이때 N1Y1으로 입력하면 연결 항공편이 같은 Class로 예약되며, Class를 달리하고자 하려면 N1KM1과 같이 입력한다.(Direct Segment Entry)

(4) 항공권정보: 항공권번호를 입력(3OSITKNO~), 항공권을 구매하지 않았을 경우에는 발권시한(8번 사항) 입력

(5) 기타:

① Divide시 유의사항으로는 3번, 4번 Field 사항이 입력되어 있는 경우 PNR Divide하기 전 그 데이터들을 삭제한 후 Divide하여야 한다. 삭제하지 않은 상태에서 작업을 한 경우 다음과 같은 Error Response가 생긴다.

"Supplementary Information Exists"

② CHD 사항입력: 3OSILK 1CHD 1JANG/YANGLAE 5YRS YCL

③ INF 이름은 OSI로만 입력 가능하다: 3OSI LX 1INF KIM/INAEMISS

LX(Swiss Air) 예약 입력 화면
QKMHDS ——— PNR Number
1. 1SHIN/JOONGHYEONMR
2. 1AHN/JAEHONGMR
3. 1YANG/HYEOGMR
4. 1YU/GILRIMS
1 LX 196 Y TU 4FEB NRTZRH   HK4 1200-2 1735-2   Y
FONE
1 XXGSR-SEL-T* 1238910 KYOWON LEE/NAMWOO-.-3439
GFAX
1 OSI LX 1INF KIM/INAEMISS
3 OSI LX 1CHD 1JANG/YANGLAE 5YRS YCL

7) TG(Thai International Airways) 예약방법

(1) 예약기록 구성요소: 승객성명, 여정, 전화번호, 항공권 번호(7O*), 발권 시한(8번 Field), 예약의뢰자(6번 Field)

(2) 승객성명입력: 최대 55자 입력가능, 최대 9PAX 가능9개인 PNR 경우)

(3) 좌석요청방법: 예약 가능편 조회 후 여정작성 또는 Direct Segment Entry

(4) 기타:

① Royal Orchid Card 입력방법: 3SSR FQTV TG HK/TG
    YC09780/P1
② INF 입력: 3OSI TG 1INF JANG/YANGLAE 12MONS
    (단, BSP Mode로 전환시킨 PNR에서는 INF사항이 Display 안된다.
    따라서 BSP Mode로 전환시켜 생성된 바 PNR에서 성명은 -I/
    JANG/YANGLAEMISS로, INF Fact는 4F 1INF 5 MONS를 추가
    입력 후 발권해야 한다.
③ MAARS Mode에서 단체예약이 가능한 유일한 항공사임

(5) 개인 승객 Divide
    Divide는 1회까지만 가능하며 일단 PNR을 분리해서 두 개로 나눈 뒤,
    해당 PNR을 조회하여 변경작업을 한다.
(6) 단체예약 방법

가. 승객이름

① 실제명단이 모두 있는 경우

-KIM/RULIMMS PNR ↵

로 총원과 개인승객 입력하는 방법과 동
일하게 입력

-C/15INHA/PTY PNR ↵

로 총원과 단체명 입력

② 실제명단이 일부만 있는 경우

-C/15INHA/PTY ↵

로 총원과 단체명 입력 후 나머지 PNR
요소 입력 후 저장 후 불러오기 한 후에

-KIM/RULIMMS ↵

의 방법으로 실제명단 모두 입력 후

-7INHA / PTY ↵   로 나머지 이름 없는 인원수와 단체명 입

력 후 저장

③ 실제명단이 모두 없는 경우

-C / 15INHA / PTY ↵   로 총원과 단체명 입력

나. 여정: 0 TG634 Q 13ESP ICNBKK MM1 5↵   요청코드가 MM임

다. 전화: 9T*123-4567 KYOWON LEE / NAMWOO ↵

라. 예약자 ———— 6JANG / YANGLAE ↵

마. 발권시한 81800 / 10SEP ↵

※ AD와 FOC예약 방법

-출발 3일전까지 AD. FOC를 사용할 TC의 Name를 Group PNR에
서 Divide한 뒤 기 Confirm된 CLS는 취소하지 말고 해당 CL를 추
가로 요청한 뒤 TG GRP Desk로 연락. 담당 Sales REP에게 AUTH
신청하여 타이항공 카운터에서 티켓을 수령하여 한다. 왜냐하면 자체 발
권이 불가능하기 때문이며 Devide는 1회만 가능하다.

D 1 @ C / 2 INHA / PTY *1*4 ↵

　　인원수　　　승객번호

Divided Block(Block로만 입력 가능)

———— TG(Thai International Airways) 일반 입력 화면

▶*R↵

<u>LPYPGD</u> 일반 개인 PNR Number

QXB GS SA

1. 1KIM / HYEKYUNGMS

1 TG 650 M MO12SEP ICNBKK HK1 1015 1350

2 TG 652 M TU15SEP BKKICN HK1 1215 1935

FONE-QXBT*725-6003 KYOWON LEE/NAMWOO-.-3439

TLT-QXBTG099Z / 9SEP

TG(Thai International Airways) 단체 입력 화면

<u>LPNDKS</u> 단체예약 PNR Number

QXB GS SA 0633Z / 25JUL

1. C / 16INHA / PTY

1 TG 659 H TU12JUL ICNBKK MM16 1015 1350

2 TG 656 H SU15JUL BKKICN MM16 1215 1935

FONE-QXBT*725-6003 KYOWON LEE/NAMWOO-.-3439

TLT-QXBTG099Z / 9JUL

---

3. MAARS 작업 시 주의사항

1) 각 항공사 Mode 마다 예약기록 조건이 다르므로 주의해야 한다.

2) 서비스 사항 3Field, 4번 Field를 입력해야 한다.

3) MAARS 작업 중의 EOT에서는 E*R를 사용해선 안 된다.

4) CR Mode에서 생성된 해당 항공사의 PNR Address는 MAARS Mode 에서도 사용 가능하다.

5) MAARS Mode에선 TG 항공을 제외하곤 개인승객만 예약이 가능하다.

4. MAARS Mode에서의 Queue 방법

1) Q 보내기

(1) PNR 불러오기

(2) | QEP / CRC / 11↵ | 또는 | QEP / CRC / TG ↵ |

MAARS Link 항공사의 공통

공통 Q Bank NBR

2) 수신한 PNR Q Count

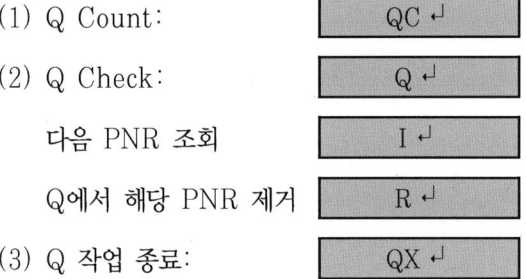

(1) Q Count : | QC ↵ |

(2) Q Check : | Q ↵ |

　다음 PNR 조회 | I ↵ |

　Q에서 해당 PNR 제거 | R ↵ |

(3) Q 작업 종료: | QX ↵ |

- MAARS Mode에서 AGT간에는 Q사용불가, 항공사와 AGT 간에 Q 사용이 가능하며, 항공사로부터 PNR을 수신하기 위해서는 해당 여행사의 MAARS 접속번호를 항공사에 알려주어야 한다.

※ 각 여행사의 MAARS 접속번호 조회방법: MAARS에서 특정 항공사 Link 시킨 후 전화번호 입력 후 확인 가능

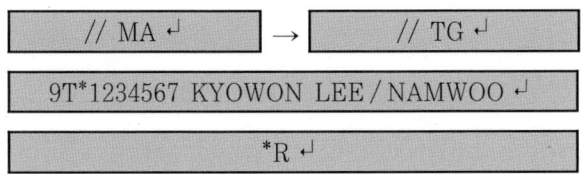

5. MAARS 접속상태로부터 일반모드 (CR Mode)로의 전환

// CR ↵

6. Ticketing 모드로의 전환

// BSP ↵

제10장 PNR Divide와 Queue
실무실습

PNR Divide 실무실습

1. PNR Divide 정의

1) PNR Divide 정의

일부승객이 일부여정을 추가 또는 취소, 변경을 할 경우 해당승객의 예약만을 따로 분리하여야 하는데, 이때 1개의 예약기록을 2개로 분리하는 작업을 Divide 라고 한다. 기존의 PNR을 Divide 하면 기존의 예약기록에서 새로운 PNR이 작성되어 2개의 PNR이 발생되는데 이때 기존의 PNR을 최초의 Original PNR이라고 하고 새로이 만들어진 PNR을 New PNR이라고 한다.

2) Divide Action시의 주의사항

① 화면에 Display 되어 작업 중인 PNR은 그 작업을 종료하거나 Ignore한 후, 다시 PNR을 Retrive하여 Divide작업을 시작해야 한다.

② 완성되지 않은 PNR은 Divide할 수 없다. Divide란 하나의 PNR을 2

개로 나누는 작업이며, 완성되지 않은 상태에서 승객의 여정이 각기 다르
다면 2개의 PNR을 별도로 작성하면 된다.

③ SAHARA HTL SEG가 있는 경우는 HTL SEG를 먼저 취소하고 EOT
를 한 후, PNR을 Reddisplay하여 Divide Action을 취한다.

④ Passenger Relation되어 있는 Fone이나 Fact Item은 PNR이 분리
될 때 각기 해당승객이 있는 PNR에만 남는다. 단, Infant가 있는 경우
Infant Fact사항(INF, BSCT, BBML) 등은 ZZR, ZZI를 삭제하고 Infant
가 있는 PNR에서는 삭제 후 재입력한다.

⑤ Divide Original PNR의 EOT를 하기 전까지는 Action 전의 PNR
로 환원된다(즉 Divide를 완료하기 전까지는 2번의 EOT가 필요).

⑥ DIVIDE 작업 중의 EOT에서는 E*R를 사용할 수가 없다.

⑦ KE 이외의 Other Airline이 있는 PNR을 Divide한 경우 각 항공사에
처리내용 반영 여부를 반드시 유선상으로 확인토록 하여야 한다.

2. PNR Divide 분리방법

1) 예약기록의 분리를 위한 코드

① * : Name Item이 다른 성명을 동시에 분리할 때 사용
② - : 동일 Name Item 중 여러 명을 동시에 분리할 때 사용
③ / : 동일 Name Item 중 1명만을 분리할 때 사용
※ 동일Name Item 중 1명만을 분리할 때 사용

Name Item

1. 1SMITH/PMR 2.1BTOWN/JMGS 3. 1ROBBINSON/GMR
4. 4GREEN/HMR/PMRS/RMISS/SMISS 8. 2JONES/PMR TMRS

<표 9-1> 예약기록 분리 코드 지시어

지 시 형 식	내 용
D1*3	1번 승객 KIM / I와 5번 승객을 동시에 분리
D3 /	3번 승객 PARK / D만 분리
D4 / 6 / 7 /	1번, 2번, 3번 승객 KIM / A / B / C를 동시에 분리
D56	5번 승객 JANG / Y와 6번 승객 JIN / Y를 분리
D5*8 /	5번 승객과 8번 승객을 분리

2) PNR Divide 및 지시어

PNR Display → 승객분리(D2)-5, 6번 Field 입력 또는 ORG PNR 수정 → 변경작업-ORG PNR로 복귀 → E → E

3. PNR Divide 예

```
                        PNR Divide 입력 화면
1. 1KIM / MIHYEMS        2. 1KIM / YANGHOMR
ZR8KEC3 6DEC KHIRQS / 725-5599
1 QF 178 M FR 30MAY ICNSYD HK2 2020 0705*1 CAB  Y
2 QF 176 M MO 2JUN  SYDICN HK2 0080  2015  CAB  Y
FONE-QKO-T 726-6469-KYOWON LEE/NAMWOO
2. 1 ZR8-P 0117454512
TL-CSEL12 / 2000 / 20MAY ROK TTL
GEN FAX-OSIKE RSVN NBR IS 725-5599
▶
```

※ 상기 예약기록에서 승객 KIM / YANGHO씨가 여정을 모두 취소하고자 한다. 이 경우 XI로 전체 여정을 모두 취소해 버리면 1번 승객의 여정도 취소 되고 다시 1번 승객 여정을 만들어하므로 번거롭다. 이럴 경우 PNR Divide가 필요하며 2번 승객을 분리하여 여정을 취소하면 된다. 이런 경우 다음과 같은 절차를 밟으면 된다.

지시형식	응답화면
D2 2번 승객 분리	▶D2↵ CHECK FACTS APPLY 2. 1KIM / YANGHOMR ZR8KEC3 6DEC KHIKLQ / 125-5599**NEW*** 1 QF 178 M FR 30MAY ICNSYD HK1 2020 0705*1 CAB Y 2 QF 176 M MO 2JUN SYDICN HK1 0080 2015 CAB Y FONE-QKO-T 726-6469-KYOWON LEE/NAMWOO TL-CSEL12 / 2000 / 25MAY ROK TTL GEN FAX-OSIKE RSVN NBR IS 125-5599 RMKS-DVD / ORG*KHIRQS*ZR8W3GS20231 / 27JAN
XI	▶XI↵ ITIN CNLD
*R	▶*R↵ 1. 1KIM / YANGHOMR ZR8KEC3 6DEC KHIKLQ / 125-5599**NEW*** NO ITIN FONE-QKO-T 726-6469-KYOWON LEE/NAMWOO TL-CSEL12 / 2000 / 25MAY ROK TTL GEN FAX-OSIKE RSVN NBR IS 125-5599 RMKS-DVD / ORG*KHIRQS / *ZR8W3GS20231 / 27JAN
E	▶E↵ CHECK FACTS APPLY 1. 1KIM / MIHYEMS ZR8KEC3 6DEC KHIRQS / 725-5599***ORG*** 1 QF 178 M FR 30MAY ICNSYD HK2 2020 0705*1 CAB Y 2 QF 176 M MO 2JUN SYDICN HK2 0080 2015 CAB Y FONE-QKO-T 726-6469-KYOWON LEE/NAMWOO 2. 1 ZR8-P 0117454512 TL-CSEL12 / 2000 / 20MAY ROK TTL GEN FAX-OSIKE RSVN NBR IS 725-5599 RMKS-DVD / NEW*KHIKLQ*ZR8C3GS20231 / 27JAN
6EY / KIM	▶6EY / KIM↵ *
E	▶E↵ OK 725-5599 TTL / 20MAY 2000 SEL TIME *** DVD / NEW 125-5599 *** ▶

제2절
Queue 이용 실무실습

1. Queue의 정의

Queue란 특정성격을 가진 예약기록이나 메시지들이 자동적으로 모여지는 서류함이며, 예약과 발권 업무처리를 위해 PNR이나 전문(Message)을 서로 송수신할 수 있는 통신장치이다. 따라서 예약업무처리를 위한 통신사항이나 예약자료 저장장치로 외부로부터의 PNR이나 전문의 특성별 자동구분 배달 및 필요사항의 특정도시 Queue로 임의송부가 가능하며, Queue에 놓은 PNR이나 전문은 접수 순서대로 저장된다. 또한 여행사의 요구가 있을 경우에는 다른 여행사와도 예약기록 / 메시지를 Queue System을 통해서 상호교환할 수 있는 편리한 기능이다.

2. PNR Queue 기능 및 필요성

1) PNR Queue 기능

① 예약기록 및 메시지의 저장관리 기능
② 특정 항공사와 예약기록 / 메시지 전송 및 접수
③ 타 항공사와 예약기록 / 메시지를 통한 업무협조

2) Queue의 필요성

① 예약기록을 작성하고 좌석이 없는 비행편에 대기자 예약을 하거나 예약이 잘못 취소되어 초과예약을 요청하기 위해 예약기록을 비행편 담당자에게 보내려고 한다. 이때 전문 메시지를 보내지 않고 담당자가 CRT상에서 해당 예약기록을 직접 보게 할 수 있다.
② 항공사 직원이 비행편에 예약되어 있는 모든 승객의 예약기록을 찾아서 차례대로 보면서 출발확인을 한다. 이때 매 예약기록마다 조회하여 출발확인을 할 수 있다.
③ 서울의 예약직원이 급한 업무상의 필요성으로 로스앤젤레스 예약담당자에게 메시지를 보내고 응답을 얻을 수 있다.
④ 호텔 담당직원이 해외에서 STPC 호텔 수배를 요청한 사실을 알 수 있다.
⑤ 승객을 취급하는 여행사 직원이 비행편 스케줄 변동을 자동적으로 통보받을 수 있다.

3. PNR Queue 작업 실무실습

1) PNR Queue의 업무량 확인

(1) CRT Queue의 업무량 확인

QCP ↵

```
ZR8 25DEC05 0922  UTR  INT 60 MIN PNR QUEUES
Q00 1 Q01  2 Q02 1 Q10  33
Q81 7
```

(2) 타 도시의 PNR Queue Count

QCP / CCC ↵

※ CCC: 타도시의 City Code

(3) 여행대리점의 PNR-Queue 기능안내

〈표 9-2〉 여행 대리점의 PNR-Queue 안내

00, 01	대기자(WL)에서 Clear 된 PNR들이 쌓이는 Queue
02	그룹 PNR에 대한 Reply가 쌓이는 Queue
05, 06, 07	Schedule Change 된 PNR들이 쌓이는 Queue
10	Ticlet Time Limit Queue
12	Time Lilmit Queue
25	여행대리점 자체 내에서 임의사용이 가능한 Queue
30, 31	Tour System 관련 Queue
81	24시간 이내에 NO Reply된 PNR Queue

2) 특정번호의 PNR Queue 찾는 법

CRT CITY의 특정 PNR Queue 찾는 법

> Q / NN ↵

※ NN: Queue 번호(번호 미지정시는 00번 Queue가 Display된다)

3) PNR Queue의 업무처리

① I(Ignore)

현재 화면에 Display된 PNR에 어떠한 작업을 하다가 이를 도중에 취소하거나 잘못하여 원래 상태로 환원시킬 때 사용하며, Ignore된 PNR은 해당 Queue의 맨 뒤에 놓이게 된다.

② QR

Queue에 저장되어 있는 PNR 가운데 별도의 조치가 필요 없는 PNR을 해당 Queue에서 제거할 때 사용하는 지시어

③ QXI

PNR Queue는 ADS Mode므로 Queue에 있는 모든 PNR을 처리할 때까지는 연속적으로 다음 PNR이 자동 Display된다. Queue작업을 중지하기 위해서 작업 중지를 위한 QX와 현재 화면에 있는 PNR의 환원을 작업 중지를 위한 QX와 현재 화면에 있는 PNR의 환원을 위한 I(Ignore)를 동시에 실행시키는 지시어

※ 주의사항

PNR Queue의 ADS Mode
PNR Queue에서 나온 작업을 끝내면 OK 응답 대신에 해당 Queue 속에 있는 다음 자동적으로 PNR이 화면에 나타난다. 이러한 기능을 Automatic Display Sequence(ADS)라고 하며, Queue 작업을 신속하게 처리하기 위하여 마련된 장치이다. ADS Mode는 PNR Queue에만 적용된다.

4) 작성된 PNR을 Queue로 보내는 방법

(1) CRT City PNR Queue에 넣는 방법

QEP / NN ↵

NN: Queue번호

※ 번호 미지정시는 00번으로 간주

(2) 타도시의 PNR Queue에 넣는 법

QEP / CCC / NN ↵

※ CCC: 타도시의 City Code
  NN: Queue번호

5) Message Queue

(1) Message Queue의 업무량 확인

① CRT City Msg Queue Count

QCM ↵

SX4 30JAN96 0927 GENERAL MESSAGE QUEUE
Q12   1

(2) 특정번호의 MSG Queue 찾는 법

① CRT City의 특정 MSG Queue 찾는 법

Q / NN ↵

※ NN: Queue 번호

(3) Message Queue 업무처리

① Q*: Message Queue에서 나옴 Message를 다시 화면으로 보고자 할 경우에 사용하는 지시어

② QEMI: Display된 Message를 다시 Message Queue로 돌려보낼 때 사용하는 지시어

③ QR: Queue에서 현재 화면에 나타나 있는 Message를 제거할 경우 사용하는 지시어

제11장 기타 여행 서비스 실무실습

제 1 절
부대서비스 예약 실무실습

1. SAHARA 정의

SITA Auxiliary Hosted Advanced Reservation Automation(SA HARA)는 SITA에서 개발한 부대여정 사하라 호텔 예약시스템으로서 이는 호텔 예약시스템과 렌터카 예약시스템이 있다. 또한 SAHARA 호텔 예약시스템은 전 세계 약 12,000개의 Hotel Data를 유지하고 있으며, On-Line 방식으로 예약을 할 수 있다.

2. SAHARA 호텔예약 시스템 실무실습

1) Hotel List(HOC) 조회방법

지정도시의 Hotel List를 확인

HOC BKK ↵

호텔 리스트 조회 응답화면
HOE BKK //FT*HTLS OFFER DISC RATE TO FTBS MEMBER......PLS ENTER FTBS CARD NBR AT SI-FIELD

호텔 리스트 조회 응답화면
1 NARAI HTL F EP E FT*KE
2 MONARCH LEE GARDENS   L EP B FT*KE
3 MANHATTAN HTL   T EP C FT*KE
4 LANDMARK HTL   L EP C FT*KE
5 IMPERIAL QUEENS PARK   L EP C FT*KE
6 THE SUKHOTHAI   S EP C FT*KE
7 AMBASSADOR BANGKOK   L EP C FT*KE
8 CENTRAL PLAZA HOTEL   L EP A FT*KE   -BKK
9 NOVOTEL BANGKOK SIAM   F EP C FT*KE
10 NOVOTEL BANGKOK   L EP C FT*KE
11 MERCURE BANGKOK   F EP C FT*KE
12 THE DUSIT THANI   L EP C FT*KE
13 HILTON INTL BKK   L EP C FT*KE
14 THE MONTICN HOTEL   S EP C FT*KE
15 THE LANDMARK HOTEL   S EP C FT*KE
16 NOVOTAL LOTUS BKK   S EP C FT*KE
17 LANDMARK BANGKOK   L EP C   UI   KM 32SW-BKK-M
18 SPL ROYAL RIVER HTL   S EP C   HP   KM ONE-BKK-M
①   ② ③ ④ ⑤ ⑥   ⑦   ⑧
▶HOPN↵

① 호텔명
② 호텔등급
　L: Hotel 등급 Code(Luxury)
　F: First Class
　S: Standard
　T: Tourist
③ 식사관련 사항
　EP: Meal Plan Code
　EP(European Plan): Room Only With Meal
　CP(Continental Plan): Room Only With Continental Breakfast
④ 호텔의 위치
　C: Hotel 위치 Code(City Center)
　B: 상가지역
　E: 유흥지역
　P: 교외
　R: 휴양지
　A: 공항지역
　O: 30 Mile 밖
⑤ 판매우선 코드
　FT*: FTBS 카드 소지자에게 할인요금을 제공하는 호텔
⑥ 호텔 그룹/체인 코드
　M: Special Rate가 있는 경우를 표시하는 것으로 Special Rate를 적용받을 수
　있는 경우 HTL Group별로 상이하다.
⑦ 가까운 공항으로부터의 거리 및 방향
　KM 35S-CDG: 가까운 공항으로부터의 거리 및 방향
⑧ 특별가격이 있는 경우를 표시하는 것으로 특별요금을 적용받을 수 있는 경우는 호텔 그
　룹별로 상이하다.

SALES PRIORITY CODE
① *: 한국 사람들이 자주 이용하는 Hotel
② FT*: FIBS Card 소지자에게 할인요금을 제공하는 Hotel
③ DR*: KE에서 자체적으로 Data를 유지하고 있는 Hotel

※ HTL List Display는 필요에 따라 위치코드와 동급코드를 지정하여 Display 할 수
　있다.

　HOC BKK ↵　　　　BKK의 공항 근처에 있는 Hotel List

```
HOC BKK
//FT* HTLS OFFER DISC RATE TO FTBS MEMBER ......PLS
ENTER FTBS CARD NBR AT SI-FIELD
1    CENTRAL PLAZA HOTEL        L EP A FT*KE    -BKK
2    SPL AMARI AIRPORT HOTEL    F EP A    HP OSW-BKK-M
```

HOC HKGL ↵	HKG의 Luxury Hotel List

호텔 조건에 맞는 조회 응답화면

```
HOC HKGL
FT* HTL OFFERS SPECIAL RATES TO KAL FTBS CARD MEMBER
PLS ENTER HOAR HKG 10NOV 12NOV/-KE
FOR HOTEL RESERVATION PLS ENTER HOA HKF/INDATE OUTDATE
X SEE HOI 3 FOR KOREAN RESTAURANTS AND NEAREST HOTEL INFO
```

호텔 조건에 맞는 조회 응답화면

```
 1 MIRANDAR HOTEL FTBS          L EP  C FT*  KE
 2 THE ROYAL GARDEN             L EP  B FT*  KE
 3 SPL SHEARTON HOTEL           L EP  C HP   KM 05E  -HKG-M
 4 JW MARRIOTT HONG KONG        L EP  C MC   KM 51SE -HKG-M
 5 SPL HOTEL NIKKO              L EP  C HP   KM 10S  -HKG
 6 SPL THE HABOUR PLAZA         L EP  C HP   KM 10S  -HKG-M
 7 RITZ CARLTON HONG KONG       L EP  B RZ   KM 15W  -HKG
 8 SPL JW MARRIOTT HOTEL        L EP  B HP   KM 12SW -HKG-M
 9 SPL CONRAD HONG KONG         L EP  B HP   KM 13N  -HKG-M
10 CONRAD INTL HONG KONG        L EP  B HP   KM 13N  -HKG
11 SPL FURAMA KEMPINSKY         L EP  C HP   KM 16NE -HKG-M
12 SPL RITZ CARLTON             L EP  C HP   KM 16SW -HKG-M
13 GT PANDA HOTEL               L EP  C UI/GTKM 30SE -HKG-M
14 SPL MANDARIN ORIENTAL        L EP  C HP   KM 8N   -HKG-M
15 SPL MANDARIN ORIENTAL-QMP    L EP  O HP   KM 70NE -HKG-M
16 SPL HYATT REGENCY MACAU-QMP  L EP  O HP   KM 70SW -HKG
```

HOC BKK CL ↵	BKK의 중심가에 있는 Luxury Hotel List

호텔 조건에 맞는 조회 응답화면				
HOC BKK CL				
//FT*HTLS OFFER DISC RATE TO FRBS MEMBER······PLS				
ENTET FTBS CARD NBR AT SI-FIELD				
1 LANDMARK HTL HOTEL	L EP	C ET*	KE	
2 IMPERIAL QUEENS PARK	L EP	C ET*	KE	
3 AMBSSADOR BANGKOK	L EP	C ET*	KE	
4 NOVOTEL BANGKOK	L BU	C ET*	KE	
5 THE DUSIT THANI	L EP	C FT*	KE	
6 HILTON INTL BKK	L EP	C FT*	KE	
7 LANDMARK BANGKOK	L EP	C UI	KM	32SW-BKK-M
8 SPL AMARI WATER	L EP	C HP	KM	24W-BKK-M
9 HILTON INTERNATIONAL	L EP	C HL	KM	25S-BKK
10 SHANGRILA BANGKOK	L BU	C SG	KM	24SW-BKK-M
11 MARRIOTT ROYAL GARDEN	L EP	C MC	KM	11S-BKK
12 JW MARRIOTT BANGKOK	L EP	C ME	KM	3N-BKK
14 SPL NOVOTEL BANGKOK	L BU	C HP	KM	24S-BKK-M

2) 약식화된 호텔 판매가능 객실의 조회 방법

> HOAA HKG / 25JUN 28JUL ↵   HOAA : Abbreviated HOA

약식화된 호텔 판매가능 객실 조회 응답화면
HOA HKG / 25JUL 28JUL〈 HOA HKG / IN25JUL / OUT28JUL FT* HTL OFFERS SPECIAL RATES TO KAL FTBS CARD MEMBER PLS ENTER HOAR HKG 10NOV 12NOV / -KE FOR HOTEL RESERVATION PLS ENTER HOA HKG / IN DATE OUTDATE X SEE HOI 3 FOR KOREAN RESTAURANTS AND NEAREST HOTEL INFO 1 SPL NEWTON KOWLOON   S EP C HP / **HKD①**   DP-GCC② **XX③**-05K DAY PRIOR ARR / **T④**-I / **S⑤**-I / **CC⑥**-AX DC SGLB 458.00 A   DBLB 458.00 A TWNB 458.00 A   TRPB 708.00 A RULE-THESE ARE SPECIAL RATES BY TOUR WHOLESALER. BOOKING MUST BE FULLY PREPAID BY PAX VV OR SELECTED AIRLINE MOO IN G FIELD

① HKD: Room Rate의 화폐단위
② DP-GCC: 해당 Hotel의 Deposit Policy
③ XX: Cancellation Time Limit
④ T-: Room Rate에 Tax의 포함
⑤ S-: Room Rate에 Service Charge 포함 여부
⑥ CC: Acceptable Credit Cards.

Room Fares 응답화면
SGLB 458.00 A (Minimum Room Rate) (Room Type) 각 Room Type별로 요금을 가지고 있으며, 해당 Rate의 Room이 예약 가능한 경우 "A(AVBL)," 예약 가능하지 않은 경우 "R(RQST)" 또는 "C(Closed)"라는 Code가 나타난다.

3) Hotel Booking(HOB) 방법

※ Full Entry

HOB1/2SGLB3/-AGT1733452/G AX82737892EXP0799/SI-SEA VIEW FL RQ
   ①   ②   ③   ④   ⑤   ⑥

① HOB1: HOA에서 1번 Hotel에 예약
② 25GLB: SGLB 2개를 예약(최저 객실가=1, 중저 객실가=2, 최고 객실가=3)
③ -AGT: 여행사 IATA Number를 입력할 때 지시어
④ G: Hotel이 요구하는 Guarantee사항 입력(G 다음 반드시 한 칸을 띄움) Card의 유효기간을
   Month Year로 표시(1999년 7월 = EXP0799)
⑤ SI-SEA: N 반드시 -과 함께 쓴다.
   ※ Guarantee와 Service Information은 Optional 사항임.
⑥ 서비스 사항임

1 **XS①**HHL FR 20NOV AMS SS2 OUT23NOV **00014②**-AMSTERDAM HILT
ON/A1D③ 351. 00 NLG-AGT 17-3 3452 0/G AX827373892EXP0799/SI-SEA
VIEW RM/**-CN④**2751055/HL

① XS: SITA Code
② 00014: Hotel GRP이 해당 Hotel에 부여한 Property Code
③ A1D: Rate Type 과 Room의 Bed Type
            C=MINR
            B=MODR
            A=MAXR
            D=Double Bed
            K=King Size Bed
            Q=Queen Size Bed
            R=Round Bed
④ -CN: SAHARA System 내에서의 해당예약에 대한 Control Number

3) 호텔 예약의 변경

(1) 호텔 예약의 변경 유형

가. 전체 여정을 취소하고 다시 작성해야 하는 경우

   ① 호텔 Check-in, Check-out 날짜가 잘못되어 변경할 경우

   ② 호텔명, 객실 유형, 객실 수가 변경되었을 경우

   ③ 요금이 변경되었을 경우

④ 예약기록이 분리된 경우

나. 여정 일부의 수정 및 삭제가 가능한 경우

① Guarantee 사항이 변경된 경우

② Service Information 및 기타 사항이 변경 또는 삭제되었을 경우

(2) 호텔 여정의 일부의 수정 및 삭제

〈10-1〉 호텔 여정의 일부 수정 및 삭제 지시어

지 시 어	내 용
.2@G 또는 .2@SI	Guarantee 또는 SVC INFO 삭제
.2@G AX12345678EXP10000	Guarantee 내용 변경
.2@SI-REST SEE VIEW RM	SVC INFO 변경
.2 / G AX123456789EXP0655	Guarantee 추가
.2 / SI-VIP.AMB OF KOREA	SVE INFO 변경

3. SAHARA 기타 기능

1) SAHARA Code의 설명(How)

호텔 예약시스템인 SAHARA에서 잘 모르는 코드가 나타났을 때는 지시어 HOW를 이용하여 조회하면 편리하게 이용할 수 있다.

HOW G1800CC ↵

지시어 **HOW**를 이용한 응답화면
HOW G 1800CC / 644 G1800CC DEPOSIT CODE-GUARANTEE FOR ARRIVAL AFTER 1800 　　　　　WITH THE NUMBER AND EXPIRATION DATE 　　　　　OF ANY CREDIT CARD ACCEPTED BY THE 　　　　　HOTEL FOR GUARANTEE

2) 화면의 이동(HOP) 방법

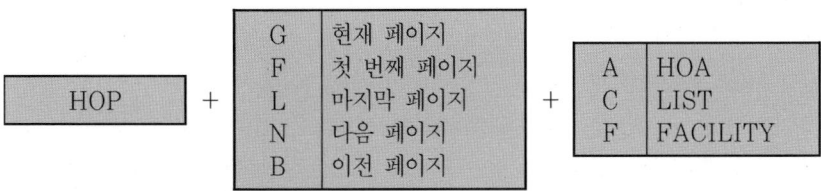

HOP	+	G F L N B	현재 페이지 첫 번째 페이지 마지막 페이지 다음 페이지 이전 페이지	+	A C F	HOA LIST FACILITY

※ HOPGC: HOC의 현재 페이지
　 HOPLC: HOC의 마지막 페이지

3) 현재 통화교환율(HOK) 계산 방법

네덜란드 통화를 한국 원화로 계산하기 위해서는 다음과 같은 지시어를 이용하면 된다.

> HOK 32NLG / KRW ↵

> >HOK 320NLG / KRW
> KRW 135651.2 BBR USED 423.91 UPDATED 17OCT94

4) 호텔 시설(HOF) 조회방법

특정 Hotel 시설 및 관련 제반정보와 총 10Page로 수록이 되어 있다. 각 Page별의 수록내용은 Index Display를 통하여 알 수 있다.

① 호텔시설의 색인 페이지 조회방법

> H O F ↵　　　　　　　Index Display

호텔 시설 조회방법 응답화면
HOF INDEX PAGE 1-ADDRESS / FAX / DIRECTIONS / PROPERTY INFO PAGE 2-DEPOSIT POLICIES RAGE 3-RELATED DEPOSIT INFORMATION RAGE 4-INTEREST INDEX RAGE 5-DINING AND ENTERTAINMENT RAGE 6-RECREATION RAGE 7-PAYMENT / MISCELLANEOUS-GROUPS-MEETINGS-ETC RAGE 8-THIS INFORMATION IS MAINTAINED BY INDIVIDUAL USER RAGE G-A COMPLETE PAGE OF GENERAL FACILITIES RAGE S-SUMMARY FACE

※ 상기 Page의 내용들을 Hotel별로 Display할 수 있다.

② 호텔시설 찾는 방법

| HOF 2 / 3 ↵ | HOC 또는 HOA Display 후 2번째 Hotel의 3Page |
| HOF AMS / MARRIOT / 1↵ | Marriot Hotel의 1Page를 직접 Display |

| HOF 2 ↵ | HOC 또는 HOA의 두 번째 Hotel의 Facility를 1Page부터 차례대로 Display |
| HOF AMS / MARRIOT ↵ | Marriot Hotel의 Facility를 1Page부터 차례대로 Display |

5) 객실 가격 조회방법(HOR) 방법

각 Hotel에 기간별로 적용되는 Rate를 Display해 볼 수 있다. 특히 승객의 숙박기간 중 Rate의 변동이 있는 경우 HOA Display시 각 Room Type별 요금 뒤에 '*'가 나타난다. 이때는 반드시 Rate를 참조하여 요금의 변동사항을 안내하여야 한다. 또한 Rate Display에는 Rollway Bed의 추가 시 요금 및 Commission을 포함하고 있다.

```
HOR BKK 25JUL 29JUL / MONARCH LEE GARDENS ↵
```

```
HOR2 / 23JUN 30JUN ↵          HOC 또는 HOA Display
```

```
HOR2↵          HOC 또는 HOA Display
```

호텔 객실 가격 조회 응답화면

```
▶HOR2 / 23JUN30JUN
HOR BKK / 23JUN / 30JUN / MONARCH LEE GARDENS
          MINR    MODR   MAXR      MINR  MODR  MAXR
23MA302-30JUN02 THB EP
   SGLB  2400.00            DBLB 2400.00
   TWNB  2400.00            DBLX 3000.00
   XPER  +700.00
   XCHD  NONE
*** RA-700.00  RC-NONE  CR-NONE  CA-12  COMM-UNCOM ***
▶
```

6) 그룹 찾는 방법

```
HOXR KE SFPADL ↵
```

그룹 찾는 방법 응답화면

```
HOQMG / SFPADLKE0018
001 ICNKE 9999 0622 18NOV95
001 2.HTL SI SSI LAX IN01DEC OUT05DEC
    00095-SHERATON ANAHEIM C1K 115.00 USD-KE / G VI4599
    123456789EXP 0996 / -CN0181042
         SS    ( 001 )
001 ICNKE SFPADLKE00185A
001 ICNKE 9999 0622 18NOV95
```

제2절
Hertz Rent a Car 예약 방법 실무실습

1. Hertz Rent a Car 예약 방법

1) Hertz Rent a Car 예약의 특징

먼저 렌터카를 이용할 경우 편리한 점은 차량요금 선택이 자유롭고, 부가서비스 요청과 14일 이전 예약 시 할인요금 적용이 가능하다는 점이다. 또한 CDP(Corporate Discount Price) 회원일 경우 공시자가 아닌 판매가에 대해 할인을 받을 수 있어 실제적인 할인혜택이 가능하다는 것도 좋은 점이다. 그리고 예약이 끝나면 즉시 Confirm Number를 부여받아서 나중에 이용 시 편리하게 사용할 수 있다. 그리고 꼭 항공비행기 티켓을 이용하는 고객만 이용하는 것이 아니라 항공여정이 없는 고객도 CAR 예약도 가능하다.

2) 렌터카 이용 방법

CRD ZENN 1 NYC 01SEP05SEP CCAR / ARR-0900 / DO-NYC*0900 / NM-LIM / TEST
　①②③ ④　　　⑤　　　　⑥　　　⑦　　　　⑧　　　　⑨

① ZE: Hertz Company Code
② NN: 요청 Code
③ 1: 차량대수(2대 이상은 추가 SEG를 만들어야 함)
④ LAX: 차량인수 장소
⑤ 01SEP05SEP: Pick Up Date, Drop Date(임대기간)
⑥ CCAR: Car Type Code
⑦ / ARR-0900: Arrived Time(인수시간)
⑧ / DO-LAX*0900: Drop Off Location And Return Time(반환장소, 반환시간)
⑨ / NM-KIM / TEST: Custom Name(고객성명)

2. 차량 유형 코드

1) 차량 유형 코드

〈표 10-2〉차량 유형 코드

차 등급	차 유형	Transmission	에어컨 조건
M: Mini E: Economy C: Compact S: Standard I: Intermediate F: Full Size 4-Door L: Luxury X: Special	C: Car W: Wagon V: Van L: Limousine S: Sports T: Convertible F: 4-Wheel Drive X: Special	A: Automatic M: Manual	R: Air Conditioning N: No Air Conditioning

2) Code 조합

① ECAR: Economy / Car / Automatic / Air Conditioned
② COMR: Compact / Car / Manual / Air Conditioned
③ SVAR: Standard / Van / Automatic / Air Conditioned

3) Information Field

Information Field은 기본 Entry에 / 를 한 뒤에 입력한다.

(1) / SI-DSRS Ford
추가정보

(2) / RC-Best Or ATA

현재 Hertz 제공가격 중 가장 낮은 요금요청 또는 14일 이전 예약할 경우
제공요금요청

(3) / SQ-CST

Special Equipment 요청(CST: Child Seat)

〈표 10-3〉 차량 정보 코드

Special Equipment Code	
LDP: Laser Di S K Player	SKV: Ski Equipped Vehicle
SNO: Snow Chains	LUG: Luggage Pack
PHN: Mobil Phone	TVi: Telecision
BYC: Bicycle Pack	TAP: Cassette Player

(4) Confirmation

예약과 동시에 바로 Confirm을 받으며, Car Segment에 Rental 요금,
Car Model 등 필요정보가 Advice된다. Confirmation시 알아두면 편리한
용어를 정리해 보면 다음과 같다.

① RG: Regular   ② WY: WeeklyRate
③ WD: Weekend Rate   ④ DY: Daily Rate

⑤ MY: Monthly Rate

⑥ XD: Extra Day Rate(3시간 초과)   ⑦ RC: Rate Code

⑧ WY: Weekly Rate   ⑨ D: Daily Rate

⑩ UNL: 사용 Mileage 제한 없음.

⑪ XH: Extra Hour Rate(3시간 이내)

⑫ XD: Extra Day Rate   ⑬ UNL: 사용 마일 제한 없음

⑭ MI: 해당요금으로 사용가능한 마일

⑮ KM: 해당요금으로 사용가능한 킬로미터

차량 요청 시 **Confirmation** 요청 창

```
1. 1JANG / YANGLAMS
QXWKEAA 11NOV W13054
1 KE 18 K SU 18NOV ICNLAX HK1 1500 0950 CABIN Y
2 ZE CCR SU 18NOV LAX      HK1 21NOV SCAR / ARR-0900 / DO-LAX*09
00 / NM-KIM JUN / BS-00252173 / RG-USD37.99 UNL WD XD58.99 YNL XH19.00
UNL / RC-MCLE / CF-9806120A361
FONE-QXW-B-928-0398
GEN FAX-OSIKE RSVN NBR IS W13054
```

제3절
CIS 실무실습

1. Central Information System(CIS) 정의

1) CIS의 정의

Central Information System(CIS)는 여객의 여행에 필요한 각종 정보와 기타 예약 업무 시 참조사항을 Chapter화하여 수록한 종합정보 시스템으로 General Topic Chapter와 City Chapter로 구성되어 있다.

2) General Topic Chapter

① 주제별 정보(예: In-Flight Movie, FTBS, Baggage 등)
② 각 주제별로 세부항목(Page)으로 구분하여 정보를 참조

(1) Topic Index 보는 법

> CIG* Chapter Index ↵

Topic Index 입력 화면
▶CIS*↵
CIS GENENAL INFINFORMATION INDEX   ALPHA. SEQ.
TO SELLECT A SUBJECT ENTER CIC *.. (EG CIC*24)
124 AIRFARE ENTRY 110 AIRPASS   295 AKL
596 AIR CTAFT   295 AKL   596 AKLKG

Topic Index 입력 화면
530 ALP-DCS INFO   702 ALPHBETIC ITEM   301 ATH
570 ANCKG   121AREA-23   365 ATH
324 ATL   403AUSTRALIA   404 AUSTRIA
534 BAG   391BAH   289BJS
592 BKK   561BKKKG   594BNEKG
698 BSLFF   393CAI   123CAR
▶

각 Chapter의 Topic의 Alphabetical 순서에 의해 Display된다.

> CIG* R ↵   (Alphabet "R"로 시작되는 Topic의
>
> Index)

Topic Index 입력 화면
▶CIG*R↵
CIS GENENAL INFINFORMATION INDEX   ALPHA. SEQ.
TO SELLECT A SUBJECT ENTER CIC *.. (EG CIC*24)
928 REDISPLAY   50 RFND1   51 RFND2
356 ROM   209 RSU   546 RSUKG
28 RSVN   133 RTG   111 RTW APEX
101 RURAL AIRPORT
▶

(2) 특정 Chapter 보는 법

| CIP* 2 ↵ | (Chapter 및 Page 번호 이용) |
| CIC* 80 / 2 ↵ | (Chapter 및 Page 번호 이용) |

특정 Chpter 보는 화면

CHAP 80-KE ROUTINGS   PAGE 2-SPCL BKG CLASS

TPSP SPECIAL BOOKING CLASS
EFFECTIVE 15JUL 94-U.F.N
*** THIS CHAPTER CREATCD BY ICNQTKE / TARIFFS TEL. 255-4512***
(LAST UPDA TD 03DEC94)
AA V OR Q CLASS (NOT APPLICALE FOR RLT 3500-3999)
AC (V CLASS FOR FLIGHT # 1500-1999)
  Q CLASS FOR YVR-POINTS IN USA / CANADA AND
      CHI-YUL / EASTERN REGION IN CANADA
  H CLASS FOR OTHER US / CANADIAN SECTORS
AS M CLASS
DO Q CLASS
DL Q CLASS
  EFF ON / AFTER 15JUN94
  (NOT APPLIC ON FLTS 3000-3999 N 4200-4999 N
  5000-5199 N 8000-8799)
▶

---

(3) 마지막 화면의 Redisplay

| CIC * ↵ | | CIP * ↵ |

(4) 예약관련 Staff의 업무수행 시 필요한 주요 Topic의 Chapter 번호

〈표 10-4〉 예약 관련 업무 수행시 주요 Topic Chapter 번호

Chapter	제 목	내 용
CIC*1	CIC Guide	Introduction, Index, General 등
CIC*2	Skyteam	Skyteam Guideline
CIC*7	TIMATIC Guide	Timatic 내용
CIC*14	Meal	FLT별 기내식 안내
CIC*15	S P C L Meal	KE Special Meal 정보
CIC*10	KE Fleet	KE 항공기종 정보
CIC*17	Movie	KE 기내 상영 영화 정보
CIC*21	In-FLT SVC	기내 서비스 순서를 FLT별로 안내
CIC*22	In-FLT Sales	기내 면세점 판내 관련 정보
CIC*28	RSVN	예약 관련 일반 정보
CIC*31	ETAS	호주비자 신청/승인/조회
CIC*45	HTL	직영호텔 Room Type별 요금 및 예약방법
CIC*54	Dishonoring Carr	정산불가 항공사 List
CIC*75	Trafic Agreemnt	정산 가능 항공사 List
CIC*80	KE Promnt SVC	KE 판촉상품 안내
CIC*84	KE APO SVC	공하에서의 각종 서비스 안내
CIC*90	Special Event	KE 각종 행사
CIC*83	KE Cabin SVC	KE 기내 서비스
CIC*92	SKYPASS Bonus	Skypass 마일리지 별 보너스 내용
CIC*93	SKYPASS Partner	Skypass 제휴업체(HTL, DFS 등)
CIC*100	PFC	미국 내 공항시설 이용료
CIC*110	Airpass	Pass Fare and Rule
CIC*111	RTW Fare	Skyteam RTW Fare
CIC*113	STPC by Fares	Area / Fare Type 별 STPC 규정
CIC*114	TPSP Bag Rute	TPSP Baggage Rule
CIC*119	Add-On	한국 출도착 한국내 Add-On(Add to SEL)
CIC*120	TPSP RTG	TPSP, CARR, BKG 친
CIC*125	MSP	한국 출발 판매가
CIC*126	OAL BKG CLS	Fare Type별 OAL BKG CLS

Chapter	제 목	내 용
CIC*128	CFT	Current Fare TBL(한국출발 Rule Guideline)
CIC*132	Waiver	각종 Rule Waiver 사항
CIC*133	RTG MSP	한국 출발 RTNG 판매가
CIC*137	OTHS	기타, PTA DISC, CC 등
CIC*138	TKT	발권에 필요한 정보, APSR, Skypass
CIC*534	BAG	공항별 Baggage THRU CHK-IN
CIC*30	TOPAS Guide	TOPAS 예약 Entry Guide
CIC*94	SKYPASS Hotel	Skypass HTL
CIC*940	NEGO General	NEGO Pricing Entry

3) City Chapter

① Station과 관련 있는 정보를 City별로 수록(예: ICN, LAX, NYC, HKG, TYO 등)

② 각 City별로 필요한 Information을 Page로 구분하여 참조
(예: SEL의 Climate, NYC의 Airport 등)

(1) City Chapter 보는 법

CIC * S A O ↵	City Code

City Chapter 보는 화면

```
▶CIS*SAO↵
CIS CHAPTER 313-SAO                    PAGE INDEX
        TO SELECT A PAGE ENTER CIP*. . (EG CIP * 18)
  1 GENERAL                  2 WEATHER
  3 AIRPORTS                 4 BAGGAGE
  5 TRANSPORTATION           6 RENT A CAR
  7 ACCOMMODATION            8 RESTAURANTS
  9 CURRENCY                10 CREDIT CARDS
 11 OFFICIAL HOLIDAYS        12 SIGHT SEEING
 13 PACKAGE TOUR             14 SHOPPING
 15 DUTY FREE SHIP           16 VISA. PASSPORT, CUSTOM
 17 FOREIGN MISSIONS          18 CULTURAL ORGANIZATIONS
▶
```

(2) 특정 Page 보는 법

```
            CIP * 9 ↵
```

```
▶CIP*9↵
CHAP 313-SAO            PAGE           9-CURRENCY
─────────────────────────────────────────────────
UNIT 1 CRUZEIRO: 100 CENTAVOS
EXCHANGE RATE: FLOATING DAILY
                  ACTUALY WE HAVE THREE DIFFERENT RATES:
                  FLOATING, TOURIST AND BLACK MARKET.
                  ALL DEPENDS OF QUOTATION ON THE DAY.
▶
```

```
CIC * SAO / 9 ↵    CIC * SAO / CURRENCY ↵    RESPONSE 동일
```

2. Timatic 정의

1) Timatic 정의

현재 약 200여 개국의 여권, 비자, 검역 등 해당국출입국에 필요한 각종 여행정보를 수록한 책자(TIM: Travel Information Manual)를 전산화 한 것으로서, 고객이 필요한 정보를 Update된 상황에서 신속히 제공하기 위한 것이다. 또한 Timatic은 여러 가지 분류기호에 따라 필요부분을 볼 수 있으며, 크게 Full Data Base와 Special Text Data Base의 두 부분으로 나누어서 구분한다.

2) Full Data Base

각 국가에서 규정하고 있는 출입국조건 중 여권, 비자, 검역, 세관 및 출입국

시의 화폐보유액과 관련된 제반 정보를 Display할 수 있으며, 이를 얻기 위한
지시어는 해당국가 속의 하나의 도시 Code를 이용한다.

1) 지시형식

TIM * ICN / VI / TW
① ② ③ ④

① TIM: Timatic Display를 위한 기본지시어
② ICN: 정보가 필요한 국가 내의 한 City 혹은 공항코드
③ VI: 필요한 부분의 Topic Code
④ TW: Subsection Code(생략시는 C Topic 전부분이 Display된다.)

〈표 10-5〉 Topic Code와 Sub-Topic Code 종류

Two Letter Topic / Subtopic Code		
Topic Code 종류		PA: Passport VI: Visa HE: Health CY: Currency CS:CustomsTX: Airport Tax GE: Geographical
Sub-Topic Code 종류	Topic 'PA' 관련	WA: Warning PT: Passport VA: Valiidity AI: Additional Info MI: Minors NO: Notes RE: Admission & Transit Restriction
	Topic 'VI' 관련	WA: Warning VS: Visa TW: Twov IS: Issue AI: Addtional Info MI: Minors RP: Re-Entry Permit EP: Exit Permit NO: Note CO: Compulsory Currency Exchange
	Topic 'CS' 관련	IM: Import PE: Pets EX: Export NO: Note
	Topic 'CY' 관련	IM: Import EX: Export NO: Notes

3) Special Text Data Base

승객의 국적에 따라 방문국의 여권, 비자, 검역의 구비사항을 참조할 수 있으
며, 여객의 여정을 임의로 지정하며 Display하거나 PNR상의 여정을 이용하여
Display하는 방법, 그리고 Check-In Mode에서 Display하는 세 가지 방법
을 사용한다.

(1) 여정의 임의지정을 통한 Display 방법

```
TIM * ICN / ICN / LAX / EZE // HKG
  ①      ②      ③      ④      ⑤        ⑥
```

① TIM: Timatic Display를 위한 기본지시어
② ICN: 여객의 국적 내의 한 City
③ ICN: 여객의 최초 출발지국의 도시(Embarkation)
④ LAX: 경유지국의 도시(Transit)로서 Optional
⑤ EZE: 최종목적지국의 도시(Destination)
⑥ HKG: 여객이 Embarkation City 출발하기 6일 이내에 방문한 도시 출발·도착지
　　　　의 Health 조건 관련사항이다(Optional).

2) 관련지시형식

TIM*ICN / ICN / LON ↵	한국국적 여객의 ICN / LON 여정관련사항
TIM*NYC / HKG / PAR / LON ↵	미국국적 여객의 PAR경유 HKG / LON여정
TIM*ICN / NRT / LAX / BKK ↵	한국국적 여객의 NRT / LAX 여정으로서 NRT출발 전 6일 이내에 BKK을 방문함.

3) PNR상의 여정에 대한 Display 방법

PNR을 Display한 후 여정의 번호를 이용하여 관련사항 Check

TIM*ICN / 1-2 ↵

PNR상의 여정에 대한 Display 입력 화면
1.1PARK / SOOKHEEMS
Z83KEC3 25OCT   VZHSPO / 255-6003
1 KE 901 K FR 16OCT ICNCDG HK1 1255 1910 CABIN Y
2 IT5643 Y SA 25OCT ORYGNB HK1 0845 0940
FONE-S4V-T-725-6005 LEE / NAMWOO
T L-CSEL 16 / 2000 / 09OCT ROK TTL
GEN FAX-OSIKE RSVN IS 255-6003
▶TIM*ICN / 1-2↵
TIMATIC-S / 20APR02 / 0606 UTC
NATIONAL KOREA(REPUBLIC) (KR)
TRANSIT FRANCE (FR)   / DESTINATION GERMANY(DE)
ALSO CHECK DESTINATION INFORMATION BELOW
VISA TRANSIT FRANCE (FR)
..............NORMAL PASSPORTS ONLY................
VISA NOT REQUIRED.
PASSENGER MUST HOLD:
▶

TIM * ICN1-2
① ②

① TIM: 국적 City   ICN / 1-2: 여정번호

제4절
ETAS 실무실습

1. ETA 서비스 정의와 서비스 내용

1) ETA 서비스 정의

호주이민국과 SITA과 공동 개발한 시스템으로 항공사 또는 CRS시스템을 이용하여 호주비자 신청과 승인, 조회가 가능한 종합 시스템(DIMA: The Department Of Immigration And Multicultural Affairs For The Australian Government)이다.

2) ETA 서비스 내용

승객이 항공사 또는 여행사를 통해 항공권 예약 및 구매 시 비자를 신청하면, TOPAS 단말기를 이용하여 승객의 여권번호·국적 등의 기본 자료입력을 통해 비자를 신청할 수 있다. 이는 즉시 호주이민국으로부터 비자승인을 받음으로써 탑승 수속 시 신속한 비자확인 및 호주 도착 시 신속한 입국심사가 가능한 제도이다.

3) ETA 서비스 흐름

① TOPAS를 통한 호주 Visa 신청 및 승인확인
② 탑승수속 시 시스템으로 Visa 취득 여부 확인 및 탑승수속 기록송부
③ 호주도착 후 DIMA System을 통하여 신속한 Immigration 사열

4) ETA 서비스 가입국가

한국, 일본, 미국, 캐나다, 싱가포르, 호주, 벨기에, 덴마크, 핀란드, 프랑스, 독일, 그리스, 홍콩, 아이슬란드, 이태리, 룩셈부르크, 말레이시아, 모나코, 노르웨이, 포르투갈, 싱가포르, 스페인, 스웨덴, 대만, 영국, 미국, 바티칸 등

5) ETA 형태 종류

(1) ETA 비자종류(3가지)
① V: 관광 또는 친지 방문으로 1년 유효한 3개월 복수비자, 무료
② BL: 장기 상용비자방문으로 최대 10년으로 여권만료일까지 유효한 3개월 복수비자
③ BS: USA 또는 Canadian 여권을 소지한 상용방문 및 단기 비즈니스 방문자, 3개월 단수 비자
④ 기타: 이민, 학생 등의 특별한 비자는 호주대사관을 통해 발급함

(2) ETA Entry 종류(4가지 TYPE)
① TIETAR: Request, ETA 신청
② TIETAQ: Entry, ETA 유효여부 조회
③ TIETAH: History, ETA 내역조회, 수정, 취소
④ TIETAC: Check, 탑승수속 시 ETA 확인

2. ETA 주요기능 및 절차

1) 호주를 처음 방문하는 승객의 ETA 신청인 경우 방문비자 (V: Visitor ETA)

```
.국적: 한국    .성명: 홍길동    .생년월일: 1969년 1월 1일    .출 생 지: 한국
.여권번호: 1234567    .여권만료일: 2005년 12월 23일    .여행목적: 관광
```

```
                        TIETAR ↵
```

```
                    호주 처음 방문자 ETA 입력 화면
▶TIETAR↵                              ETA APPLICATION
PASSPORT NUMBER         JR1234567...........FROM PASSPORT TITLE PAGE
NATIONALITY             KOR.................1-3 CHARACTER CODE
DATE OF BIRTH           1JAN1969           DDMONYYYY/—MONYYYY/-YYYY
SEX                     M                  M/F
COUNTRY OF BIRTH KOR                       1-3 CHARACTER CODE
EXPIRE DATE             23DEC2005          DDMONYYYY
FAMILY NAME             HONG ...............FULL NAME-NO TITLES
GIVEN NAMES             GILDONG...........SPACE BETWEEN NAMES
TYPE OF TRAVEL          V▶
▶TIETAP                 ETA APPLICATION
         RE-ENTER TO VALIDATE PASSPORT DETAILS
         DETAILS MUST MATCH PREVIOUS SCREEN
PASSPORT NUMBER         JR1234567...........FROM PASSPORT
NATIONALITY             KOR                1-3 CHARACTER
FAMILY NAME             HONG................
FIRST GIVEN NAME        GIL...................
SECOND GIVEN NAME DONG...................
▶                       ETA APPROVAL   30DEC1/1587
FAMILY NAME             HONG........................AUSTRALIAN GOVT
GIVEN NAMES             GIL DONG.................
PASSPORT                JR1234567.................KOR  EXPIRY DATE 23DEC2005
DATE OF BIRTH           01JAN1969     SEX M      COB   KOR
TYPE OF TRAVEL          V  VISITOR            ETA............................................
ENTRY STATUS            UD/976 ETA VISITOR(SHORT).........................
                        AUTHORITY  TO ENTER AUSTRALIA VALID TO
                        30DEC2003.................................................
                        PERIOD OF STAY 03 MTHS.................................
                        MULTIPLE ENTRY.....EMPLOYMENT PROHIBITED
```

① Passport Number: 여권번호는 알파벳 + 숫자로 최대 14자리까지 가능 (한국여권인 경우 숫자 7자리)

② Nationality & Country of Birth: 국적과 출생국가는 2~3자리 알파벳(2 ISO코드 또는 3 ICAO 코드)

③ Date of Birth & Expiry Date: 생년월일과 여권만료일 "DD MON YYYY" 또는 "-MON YYYY" 또는 "YYYY" 형태 모두 가능

④ Sex: 성별은 남성일 경우 "M," 여성인 경우 "F"로 표시

⑤ Family Name: 성은 호칭 없이 입력(Mr. Ms. Dr. 등은 생략)

⑥ Given Name: 이름은 Space로 구분입력(예: :길동인 경우 "GIL DONG")

⑦ Type of Travel: 선택 가능한 여행형태 3가지(V / BL / BS) 중 하나 선택

   ⓐ V(VISA): 관광 또는 친지 방문, 3개월 단위 1까지 유효한 복수비자, 무료

   ⓑ BL(Business Long: 장기 상용방문으로 3개월 단위 여권만료일까지(최대10년) 유효한 복수비자, 비용은 1명 당 AUD 60.00로 ETA 시스템을 이용, 신용카드로 지불해야 한다.

   ⓒ BS(Business Short): USA 또는 Canadian 여권을 소지한 상용방문에 한해서 적용, 1년 유효 3개월짜리 1회 체류 허용하는 단수비자, 무료

* 호주체류 연장 시 3개월 이상 체류연장을 원할 경우 유효기간 만료 전에 가까운 호주이민국에 요청하면 된다.

2) 사업을 목적으로 호주를 방문하기 위해 ETA를 신청하는 경우장기상용 비자

.국적: 한국	.성명: 홍길동	.생년월일: 1969년 1월 1일
.출 생 지: 한국	.여권번호: JR1234567	.만 료 일: 2005년 12월 23일
.여행목적: 사업		

```
┌─────────────────────────────────────────────────┐
│                  TIETAR ↵                         │
└─────────────────────────────────────────────────┘
┌─────────────────────────────────────────────────────────────┐
│            호주 사업을 목적으로 한 방문자 ETA 입력화면            │
│ ▶TIETAR↵                                                      │
│ ▶TIETAA↵                                        ETA APPLICATION │
│ PASSPORT NUMBER     JC1234567............... FROM PASSPORT TITLE PAGE │
│ NATIONALITY         KOR...................... 1-3 CHARACTER CODE │
│ DATE OF BIRTH       01JANG1969............. DDMONYYYY/-MONYYYY/-YYYY │
│ SEX                 M........................ M/F              │
│ COUNTRY OF BIRTH    KOR...................... 1-3 CHARACTER CODE │
│ EXPIRY DATE         .23DEC2005.............. DDMONYYYY        │
│ FAMILY NAME         HONG......................                 │
│ GIVEN NAMES         .GILDONG.................                  │
│ TYPE OF TRAVEL      BL......................... V/BL/BS        │
│ ▶TIETAP             ETA APPLICATION                           │
│         RE-ENTER TO VALIDATE PASSPORT DETAILS                 │
│         DETAILS MUST MATCH PREVIOUS SCREEN                    │
│ PASSPORT NUMBER     JR1234567............... FROM PASSPORT     │
│ NATIONALITY         KOR                      1-3 CHARACTER     │
│ FAMILY NAME         HONG......................                 │
│ FIRST GIVEN NAME    GIL.......................                 │
│ SECOND GIVEN NAME DONG......................                   │
│ ▶TIETAF             ETA FEE PAYMENT                           │
│ UPON PAYMENT OF FEE AUD  60.00 ETA WILL BE VALID TO           │
│ FAMILY NAME         HONG..................................     │
│ GIVEN NAMES         GIL DONG...............................    │
│ CREDIT CARD NUMBER 111111111111111111111111111    EXPIRY 1025 MMYY │
│ CARD HOLDER NAME  GIL DONG HONG                               │
└─────────────────────────────────────────────────────────────┘
```

① AUD 60.00: 승객은 BL ETA 신청을 위해서 AUD 60.00을 신용카드로 지불해야 한다.

  ⓐ 사용가능한 신용카드는 AMEX, DINERSs, JCB, MASTER CARD, VISA

  ⓑ 반드시 신청자 본인카드가 아니라도 된다.

  ⓒ 신용카드 번호입력 시 카드 구분코드는 입력하지 않는다(번호만 입력).

② Address for ABA Card: 승객이 ABA(Australian Business Access) 카드를 받기를 희망하는 주소를 정확히 입력하면 된다.

* ABA Card는 Business를 목적으로 호주를 방문하는 장기 상용고객에게

지급하는 카드로 ABA카드 소지자는 호주공항 입국사열시 지정된 출구에
서 신속한 수속을 받게 된다.

호주 사업을 목적으로 한 방문자 **ETA** 승인 화면

▶   ETA APPROVAL   24DEC1 / 1117
FAMILY NAME   HONG................................. AUSTRALIAN GOVT
GIVEN NAMES   GIL DONG.........................
PASSPORT   JR1234567.........KOR   EXPIRY DATE 23DEC2005
DATE OF BIRTH   01JANG1969..... SEX   M   CIB KOR
TYPE OF TRAVEL   BL LONG VALIDITY BUSINESS ETA.............
ENTRY STATUS   UD / 956 ETA BUS LONG VALIDITY.................
                        AUTHORITY TO ENTER AUSTRALIA VALID TO
                        23DEC2005.GRANT NO 7785254224523P..............
                        PERIOD OF STAY 03 MTHS...............................
                        MULTIPLE ENTRY..
ETA APPROVED. FEE PAID.

① ETA Approved: 승인이 된 경우
   ⓐ 승인이 안 된 경우 "Refer Applicant To Australian Embassy"
      라는 메시지가 나타나는데, 크게 두 가지 이유가 있을 수 있다.
   첫째, 승객이 이전에 호주여행을 한 적이 있으며 그 당시 승객자료와 현
      재 입력한 자료가 일치하지 않을 경우
   둘째, 호주이민국의 블랙리스트상의 이름과 유사한 경우
② 상기 화면과 같이 승객 Jennifer Jones의 방문비자 승인이 완료되었으
   며, 동승인 화면을 통해 다음 사항을 알 수 있다.
   ⓐ ETA 유효기간: Authority To Enter Australian Valis To
      24MAR1998 (1년)
   ⓑ 체류기간: Period Of Stay 03Months(3개월)
   ⓒ 입국비자유형: Single Entry(단수비자)
 * 이 화면은 승객의 확인용으로 인쇄할 수 있다.
③ 입력을 잘못하여 Err Message가 나타나면 잘못 입력된 항목으로 Cursor를
   이동하여 Delete키를 이용·수정하며, 작업이 끝나면 Cursor를 마지막

항목으로 이동한 후 Enter를 치는 것에 유의해야 한다.

3. ETA 내역(History)조회

History에서 가장 중요한 기능은 Visa 승인 후 36시간 이내에 장기 상용비자(B1)에 대한 취소기능이다(예를 들면, 신용카드 지불취소 등). 이 History 화면에서는 최근 36시간 내에 자신의 터미널에서 발급된 모든 ETA를 조회하여 ETA를 수정하거나 취소하는 등의 ETA의 대한 모든 조치가 가능하다. 예를 들면, 장기 상용비자를 발급받은 승객 이몽룡이 이름이 잘못되었다는 것을 알았다면 그의 ETA를 취소하고 새로 신청할 때 대금이 이중 지불되지 않으려면 기 지불한 금액을 환불받아야 한다(취소 시 자동환불이 된다).

TIETAH ↵

ETA 내역 조회 화면
1 ETA REF: 30APR / 1505 APPLICATION
PAX: SUNSIN / LEE / 04OCT1946 / M
PTT: 3333333 / KOR / 01JUN1998
2 ETA FEF: 30APR / 1330ENQUIRT
PAX: CHOONHYANG / SUNG / 11JAN1967 / F
PTT: 1111111 / KOR / 17AUG1998
3 ETA REF: 29APR / 1239APPLICATION
PAX: MONGRYONG / LEE / 11JAN1967 / M
PTT: 1234567 / KOR / 04AUG2003
4 ETA REF: 27APR / 0915 REVERSAL OF APPLYCATION
PAX: GILDONG / HONG / 10SEP1959 / M
PTT: 1234567 / KOR / 12DEC1999
TIETAH ACTION . . . . (MU⟨NNN⟩, MD⟨NNN⟩, D ⟨ N⟩

① 한 개의 화면에 가장 최근의 조치항목의 순으로 4까지 나타난다.
② MUNNN 또는 MDNNN에서 NNN은 시간을 나타내며, NNN 시간 전

조치사항을 보고자 할 때 입력한다.

예: 현 화면에서 1시간 전 조치사항을 보고자 할 때: "MD010"

③ DN에서 N은 특정인의 해당번호를 나타내며, 세부내역을 보고자 할 때 입력한다.

④ 4번 항목의 "Reversal of Application"은 Eta가 취소되었음을 의미하므로 세부내역은 나타나지 않는다.

참고문헌

교 재

김시중 · 이용일, 관광항공예약실무, 대왕사, 1999.

김점남 · 이상기, 항공예약실무, 형설출판사, 1998.

김점남, 항공발권실무 I, 형설출판사, 2001.

김혜숙, 여행사경영론, 한모임, 2003.

박학진 · 한재선, 여객예약실무, 2000

신상준 · 배기철 · 전영호 · 김윤우 · 이준호 공저, 핵심 항공예약실무론, 학문사, 2002.

이선희 · 지진호 · 이용근, 항공예약 및 발권전산실무, 백산출판사, 1999.

이선희 · 지진호 · 이용근, 항공예약실무, 백산출판사, 2003.

이용구, 항공사 예약실무, 학문사, 1999.

이용일, 항공예약실무론, 이용일, 대왕사. 2005.

안기웅, 여객발권일반, 백산출판사, 2004.

위상배 · 김판영, 항공예약실무, 서강정보대학 주문식 교재,

장양례, TOPAS 교육과재 교육교재, 서강정보대학 출판부.

장양례, 여행사취업과정 교육교재, 서강정보대학 출판부.

장양례, 국외현지가이드과정 교육교재, 서강정보대학 출판부.

지계웅, 항공예약시스템실무, 대왕사, 2001.

정익준, 항공 · 여행업무 관리론, 대왕사, 정익준,

장양례, 항공운송관리론, 백산출판사

토파스, Reservation, 2003.

허강국 · 이휘영 · 김세완, 항공여객업무발권 실무론, 기문사

최기종 · 박상현, 토파스 항공예약실습, 백산출판사, 2003.

논 문

이동현, 항공예약엔진 이용성향과 여행유형, 접속자 로그분석을 중심으로, 경기대관
　　광전문대학원

이정운, 항공예약유형이 예약서비스속성 중요도 지각에 미치는 영향, 세종대 관광대
　　학원

이선미, 한국 CRS산업의 경쟁과 협력에 관한 연구, 한국항공대 경영대학원

최도수, 항공사 예약시스템에 관한 연구, 인하대경영대학원,

김성혁 · 강혜숙, 국내항공사의 CRS 기능속성 비교에 관한 연구: TOPAS와 ABACUS
　　를 중심으로, 관광연구, 2006. 2

신강현 · 이정철, 항공예약시스템(CRS)운영 개선방안: TOPAS와 ABACUS를 중심으
　　로, 경영연구

문성열, 항공예약시스템 현황과 전망, 정보산업, 1991.

저자약력

장 양 례

인하공업전문대학 관광과 졸업
Columbia Southern University Hospitality management 졸업
경기대학교 대학원 관광경영학과 석사졸업
경기대학교 대학원 관광경영학과 박사졸업

(주) 교원여행사 특수해외영업부 과장 역임
(주) 유로항공여행사 해외여행팀 과장 역임
(주) 나스항공 여행사 해외여행부 대리 역임
(유) 반도여행사 해외여행부 역임
(주) 국일여행사 국외여행인솔자(전문T/C) 역임
관광종사원 자격시험 면접위원 역임
교육인적자원부 고등학교 여행업무 교과용 도서 평가 심의위원

국외여행인솔자 자격증 취득
관광통역안내사 자격증 취득

백석대학 관광통역학과 외래강사 역임
서강정보대학 관광과 겸임교수, 관광교육원 강사 역임
현, 인하공업전문대학 관광과 외래교수
현, 순천청암대학 문화관광과 교수

항공예약 실무실습

• 초판 인쇄	2006년 9월 30일
• 초판 발행	2006년 9월 30일
• 지 은 이	장양례
• 펴 낸 이	채종준
• 펴 낸 곳	한국학술정보㈜
	경기도 파주시 교하읍 문발리 526-2
	파주출판문화정보산업단지
	전화 031) 908-3181(대표) · 팩스 031) 908-3189
	홈페이지 http://www.kstudy.com
	e-mail(출판사업팀사업부) publish@kstudy.com
• 등 록	제일산-115호(2000. 6. 19)
• 가 격	18,000원

ISBN   89-534-5708-4 93980 (Paper Book)
            89-534-5709-2 98980 (e-Book)